准噶尔盆地勘探理论与实践系列丛书

准噶尔盆地玛湖凹陷
碱湖轻质油气成因与分布

Origin and Occurrence of the Light Oil and Gas in the Alkaline Lake of Mahu Sag, Junggar Basin

雷德文　阿布力米提·依明　秦志军　曹　剑　陈刚强　杨海波　等　著

科学出版社

北　京

内 容 简 介

准噶尔盆地玛湖凹陷是我国典型的富烃凹陷,除了发育全球极具特色的下二叠统风城组碱湖优质烃源岩外,还有石炭系—二叠系其他三套海相-陆相烃源岩,具有重要的基础科学与实践应用意义。本书针对"碱湖生烃"这一重大科学问题开展系统的地质地球化学研究,目的是查明碱湖沉积的岩相学与沉积学特征,建立发育模式,再结合其他三套烃源岩,剖析油气成因,恢复成藏过程,建立成藏模式,总结油气分布与富集规律。

本书可供从事油气勘探与地质地球化学研究,以及西北地区岩相古地理研究的专家学者和大专院校高年级学生和研究生参考使用。

图书在版编目(CIP)数据

准噶尔盆地玛湖凹陷碱湖轻质油气成因与分布＝Origin and Occurrence of the Light Oil and Gas in the Alkaline Lake of Mahu Sag,Junggar Basin/雷德文等著. —北京:科学出版社,2017.6

(准噶尔盆地勘探理论与实践系列丛书)

ISBN 978-7-03-051043-3

Ⅰ.①准… Ⅱ.①雷… Ⅲ.①准噶尔盆地-碱湖-轻质油-石油成因②准噶尔盆地-碱湖-轻质油-分布规律 Ⅳ.①P618.13

中国版本图书馆 CIP 数据核字(2016)第 290840 号

责任编辑:万群霞 吴凡洁 / 责任校对:桂伟利
责任印制:张 倩 / 封面设计:无极书装

斜 学 出 版 社 出版

北京东黄城根北街 16 号
邮政编码:100717
http://www.sciencep.com

北京通州皇家印刷厂印刷
科学出版社发行 各地新华书店经销
*

2017 年 6 月第 一 版 开本:787×1092 1/16
2017 年 6 月第一次印刷 印张:13 1/4
字数:311 000

定价:198.00 元
(如有印装质量问题,我社负责调换)

本书作者名单

雷德文　阿布力米提·依明

秦志军　曹　剑　陈刚强

杨海波　卞保力　赵　龙

姚爱国

序

准噶尔盆地位于我国西部,行政区划属新疆维吾尔自治区(简称新疆)。盆地西北为准噶尔界山,东北为阿尔泰山,南部为北天山,是一个略呈三角形的封闭式内陆盆地,东西长为 700km,南北宽为 370km,面积为 $13 \times 10^4 km^2$。盆地腹部为古尔班通古特沙漠,面积占盆地总面积的 36.9%。

1955 年 10 月 29 日,克拉玛依黑油山 1 号井喷出高产油气流,宣告了克拉玛依油田的诞生,从此揭开了新疆石油工业发展的序幕。1958 年 7 月 25 日,世界上唯一一座以油田命名的城市——克拉玛依市诞生了。1960 年,克拉玛依油田原油产量达到 166 万 t,占当年全国原油产量的 40%,成为新中国成立后发现的第一个大油田。2002 年原油年产量突破 1000 万 t,成为我国西部第一个千万吨级大油田。

准噶尔盆地蕴藏丰富的油气资源。油气总资源量为 107 亿 t,是我国陆上油气资源超过 100 亿 t 的四大含油气盆地之一。虽然经过半个多世纪的勘探开发,但截至 2012 年年底,石油探明程度仅为 26.26%,天然气探明程度仅为 8.51%,均处于含油气盆地油气勘探阶段的早中期,预示着准噶尔盆地具有巨大的油气资源和勘探开发潜力。

准噶尔盆地是一个具有复合叠加特征的大型含油气盆地。盆地自晚古生代至第四纪经历了海西、印支、燕山、喜马拉雅等构造运动。其中,晚海西期是盆地拗隆构造格局形成、演化的时期,印支—燕山运动进一步叠加和改造,喜马拉雅运动重点作用于盆地南缘。多旋回的构造发展在盆地中造成多期活动、类型多样的构造组合。

准噶尔盆地沉积总厚度可达 15000m。石炭系—二叠系被认为是由海相到陆相的过渡地层,中、新生界则属于纯陆相沉积。盆地发育了石炭系、二叠系、三叠系、侏罗系、白垩系和古近系六套烃源岩,分布于盆地不同的凹陷,它们为准噶尔盆地奠定了丰富的油气源物质基础。

纵观准噶尔盆地整个勘探历程,储量增长的高峰大致可分为准噶尔西北缘深化勘探阶段(20 世纪 70～80 年代)、准噶尔东部快速发现阶段(20 世纪 80～90 年代)、准噶尔腹部高效勘探阶段(20 世纪 90 年代至 21 世纪初期)、准噶尔西北缘滚动勘探阶段(21 世纪初期至今)。不难看出,勘探方向和目标的转移反映了地质认识的不断深化和勘探技术的日臻成熟。

正是由于几代石油地质工作者的不懈努力和执着追求,使准噶尔盆地在经历了半个多世纪的勘探开发后,仍显示出勃勃生机,油气储量和产量连续 29 年稳中有升,为我国石油工业发展做出了积极贡献。

在充分肯定和乐观评价准噶尔盆地油气资源和勘探开发前景的同时，必须清醒地看到，由于准噶尔盆地石油地质条件的复杂性和特殊性，随着勘探程度的不断提高，勘探目标多呈"低、深、隐、难"特点，勘探难度不断加大，勘探效益逐年下降。巨大的剩余油气资源分布和赋存于何处，是目前盆地油气勘探研究的热点和焦点。

由中国石油新疆油田分公司(以下简称新疆油田分公司)组织编写的《准噶尔盆地勘探理论与实践系列丛书》历经近两年的时间终于面世。这是由油田自己的科技人员编写出版的一套专著类丛书，这充分表明我们不但在半个多世纪的勘探开发实践中取得了一系列重大的成果，积累了丰富的经验，而且在准噶尔盆地油气勘探开发理论和技术总结方面有了长足的进步，理论和实践的结合必将更好地推动准噶尔盆地勘探开发事业的进步。

该系列专著汇集了几代石油勘探开发科技工作者的成果和智慧，也彰显了当代年轻地质工作者的厚积薄发和聪明才智。希望今后能有更多高水平的、反映准噶尔盆地特色的地质理论专著出版。

"路漫漫其修远兮，吾将上下而求索"。希望从事准噶尔盆地油气勘探开发的科技工作者勤于耕耘、勇于创新、精于钻研、甘于奉献，为"十二五"新疆油田的加快发展和"新疆大庆"的战略实施做出新的更大的贡献。

新疆油田分公司总经理

2012 年 11 月

前　言

准噶尔盆地是我国西部的一个典型大型叠合含油气沉积盆地，面积约 13 万 km²，最大沉积厚度可达 15000m，是我国西部最重要的含油气盆地之一。盆地油气勘探历史悠久，早在 20 世纪 50 年代，就建成了我国第一个大油田——克拉玛依油田，此后，勘探频频突破，特别是在西北缘地区的玛湖凹陷含油气系统，不仅在发现克拉玛依大油田后围绕断裂带建成百里大油区，最近还在斜坡-凹陷区建成新的百里大油区，表明玛湖凹陷是一个大型富烃凹陷。因此围绕玛湖凹陷展开油气生成与成藏研究具有重要的理论基础与勘探指导意义，是我国陆（湖）相生油与叠合盆地成藏的一个典型实例。

准噶尔盆地玛湖凹陷在深层石炭系—二叠系发育了 4 套潜在烃源岩系，沉积环境从海相-陆相形成了一个系统的演化序列，其下二叠统风城组发育了全球迄今最古老的碱湖优质烃源岩，这为玛湖大油区的形成奠定了物质基础，具有重要意义。然而，迄今为止，对这 4 套烃源岩，特别是风城组碱湖优质烃源岩的研究还很不系统。有鉴于此，本书从油气形成的物质基础——烃源岩入手，重点针对"碱湖生烃"这一重大科学问题，开展系统的地质地球化学研究，目的是查明玛湖凹陷碱湖沉积的岩相学与沉积学特征，建立发育模式，再结合其他 3 套烃源岩，剖析油气成因，恢复成藏过程，建立成藏模式，总结油气分布与富集规律，期望研究结果不仅能加深对科学问题的认识，也为勘探提供依据。

本书是近几年来玛湖凹陷油气生成和成藏研究工作的系统总结，参与工作的高校、科研院所和研究人员很多，谨向他们致以深深的谢意。研究得到中国石油天然气股份有限公司（简称中石油）"新疆大庆"油气勘探重大专项"富烃凹陷岩性地层油气藏富集规律与关键技术研究"（编号 2012E-34-01）、"十二五"国家科技攻关项目子专题"准噶尔盆地岩性地层油气藏富集规律及目标评价"（编号 2011ZX05001-06）的资助。新疆油田分公司总经理陈新发欣然为本丛书作序，在此深表感谢。

准噶尔盆地玛湖凹陷大油气区的勘探成功凝聚了新疆油田分公司几代石油人的辛勤汗水和聪明才智，是勘探地质人员锐意进取、积极探索的结果，是勘探理念创新带来的突破，闪耀着勘探家的哲学思想。希望本书的出版能够促进勘探家进一步活跃思维、解放思想，不断将勘探工作推向纵深、取得新的更大成就。感谢新疆油田分公司勘探开发研究院广大科研人员的不懈努力及在研究过程中的支持。

由于作者水平有限，文中难免有疏漏之处，恳请广大专家读者不吝指正。

作　者
2017 年 1 月

目　　录

绪　　论 第1章

1.1　油气勘探概况

　　准噶尔盆地是我国西部的一个典型大型叠合含油气沉积盆地,位于我国新疆维吾尔自治区北部,坐标东经 81°～92°,北纬 43°～48°。盆地周围被褶皱山系环绕,其西北与扎伊尔山和哈拉阿拉特山相邻,东北靠着青格里底山和克拉美丽山,南面与伊林黑比尔根山和博格达山相依,平面形状呈南宽北窄的近三角形,东西长约 700km,南北宽约 370km,面积约 13.6 万 km²,平均海拔约 500m(王绪龙和康素芳,1999;Cao et al.,2005)(图 1-1)。根据区域构造演化及勘探习惯,将盆地划分出 6 个一级构造单元和 34 个二级构造单元(杨海波等,2004),其中,乌伦古坳陷、陆梁隆起、中央坳陷、西部隆起、北天山山前冲断带及东部隆起为一级构造单元(图 1-1)。

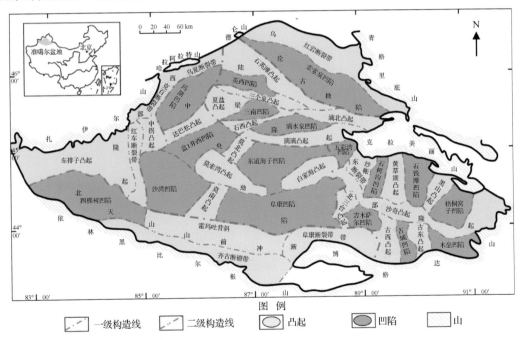

图 1-1　准噶尔盆地构造单元划分图

　　本书所研究的玛湖凹陷位于盆地西北缘(匡立春等,2014;雷德文等,2014),是准噶尔盆地中央坳陷分布最北的一个二级构造单元,其与扎伊尔山和哈拉阿拉特山紧靠,西侧与乌-夏断裂带及克百断裂带相邻,西南侧与中拐凸起毗邻,东南侧则分布有达巴松凸起、夏盐凸起以及英西凹陷,北边是石英滩凸起(图 1-1)。

准噶尔盆地玛湖凹陷是中国典型的富烃凹陷(匡立春等,2012),过去六十多年来围绕玛湖凹陷油气勘探取得丰硕成果(图1-2)。1955年10月29日,黑油山1号井喷出黑色油流,标志着新中国第一个大油田在准噶尔盆地西北缘诞生。此后围绕克拉玛依(克)-乌尔禾(乌)、乌尔禾(乌)-夏子街(夏)和红山嘴(红)-车排子(车)三大断裂带勘探工作不断深入,截止到西北缘精细勘探(2005年),三大断裂带共发现8个油田,累计探明石油储量12.26亿t,百里油区逐步形成(匡立春等,2012)。

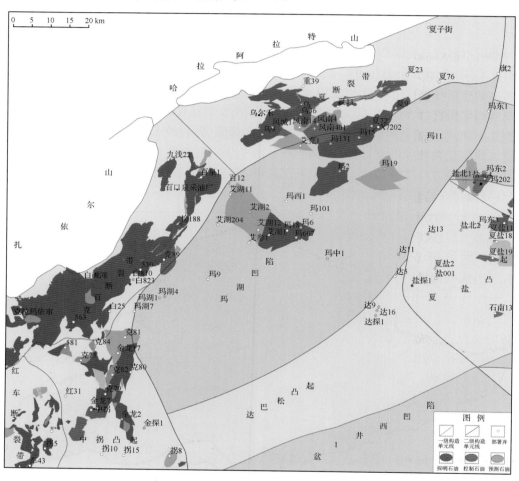

图1-2 准噶尔盆地玛湖凹陷勘探成果示意图

20世纪80年代末,西北缘油气勘探首次提出"跳出断裂带,走向斜坡区"的勘探思路,1993年5月初,在上斜坡区发现了玛北油田。此后,限于当时低渗透砂砾岩储层改造技术的限制,勘探一直未取得实质性突破。2010年后,储层改造技术取得了跨越式进步,处于同一有利构造带、埋藏更浅的夏子街扇体时隔二十年后再次进入勘探家的视野。通过对环玛湖凹陷斜坡带的整体研究,明确玛湖凹陷西环带是石油预探的重大战略领域,优选夏子街-玛湖中央构造带岩性地层目标为突破口,之后上钻的玛13、玛131井均获工业油流,其中玛131井采用二级加砂压裂新工艺,提产效果明显。通过深入研究,首次提出了夏子街扇西翼百口泉组具有三面遮挡大面积整体含油特征。

玛北斜坡岩性地层油气勘探取得初步成功后,在全球连续型油气藏勘探的背景下,开始构造连续型油气藏的勘探,发现玛北斜坡区构造平缓、储层低渗、边底水不活跃,且发育沟通储集层(下三叠统百口泉组)和烃源层(石炭系—二叠系)断裂,因此可能大面积成藏。因此,重新厘定百口泉组油层标准,开展老井复查,多井恢复试油获得工业油流,并且新部署井目的层均钻遇良好油气显示,逐步验证了连续型油气大面积成藏新构想。按这一模式,加快勘探节奏,采用直井控面、水平井提产的思路对玛北斜坡区百口泉组展开了整体勘探,2012~2013 年,10 几口井获得工业油层,逐步证实玛北斜坡区大面积整体含油特征,整装亿吨级油藏落实。

2013 年后,在玛西斜坡又取得重大突破,发现并落实了玛 18 井—艾湖 1 井区亿吨级整装高效优质储量区块。2014 年 4 月,在玛 19 井百口泉组试油获得工业油流,进一步证实玛西斜坡区百口泉组具有大面积成藏潜力。2014 年 8 月,玛南斜坡区玛湖 4 井百口泉组获工业油流,最高日产油 14.7m³。玛北斜坡区夏子街扇东翼新钻井玛 21 井和玛 22 井在百口泉组钻遇油层。同时,玛东斜坡区的甩开探井达 10 井、玛中 1 井等井也见到良好油气显示。截至目前,玛湖凹陷西斜坡百里油区基本形成,准噶尔盆地展现出一个新的大油(气)区,是今后盆地油气储量与产量的新基地。

2016 年,玛湖凹陷东斜坡地区的勘探也取得重要进展,达 13 井百口泉组试油获高产工业油流,这是该区百口泉组勘探首次获得重大突破,证实了这一地区具备优质、高效、规模储量区块,预示着玛湖凹陷东斜坡地区是玛湖凹陷继西斜坡百里新油区发现后下一个寻找效益规模储量区的现实勘探领域。

综合上述,可见玛湖凹陷的勘探重大发现得益于勘探思路从构造型油气藏向岩性地层油气藏、再向连续型油气藏的转变,勘探理念指导了油气发现。因此,系统地总结玛湖凹陷的烃源岩形成及其油气成因和分布规律不仅对中国西部油气精细勘探具有重要指导意义,在理论上对发展陆(湖)相生烃理论也有学术意义。

1.2 碱湖的概念与基本特征

研究发现,准噶尔盆地玛湖凹陷在深层石炭系—二叠系发育了 4 套潜在烃源岩系,沉积环境从海相—陆相形成了一个系统的演化序列。尤其有意义的是,其下二叠统风城组发育了全球迄今最古老的碱湖优质烃源岩,这为玛湖大油区的形成奠定了物质基础。然而迄今为止,对这 4 套烃源岩,特别是风城组碱湖优质烃源岩的研究还很薄弱。因此,下面将重点评述碱湖的基本特征,为后续烃源岩地球化学以及油气成因与成藏研究提供基础。

1.2.1 碱湖与盐湖

现代地质学将湖泊定义为陆地上洼地积水形成、水域比较宽广、换流缓慢的水体,由湖盆、湖水及水中所含矿物质、有机质和生物等所组成(施成熙,1979),它是大陆封闭洼地的一种水体,并参与自然界的水分循环(许秋瑾等,2006)。湖水的来源多种多样,有的来自降水、地面径流及地下水,有的则来自冰雪融水,其消耗主要是蒸发、渗漏、排泄和开发利用。湖泊的大小和类型差别很大,从数十万平方公里到几公顷皆有分布,在深度上,深则千余米、浅则仅几厘米(接近干涸的湖)(王洪道,1995;伍光和等,2000)。湖泊的外部形态特征千差万别,这取决于其成因和发展过程,在其形成至消亡的过程可能会有较大的改变(黄锡荃等,1985;王洪道,1995)。

湖泊的类型多种多样,基于研究目的的不同,划分湖泊类型的方法和依据也不同,主要分类方法有按湖盆成因、按湖水补给与径流的关系、按湖水盐度和湖水的水化学特性分类等(郑绵平,2001;舒良树,2010)。

按湖盆的成因划分,有以内力作用为主形成的构造湖、火口湖和阻塞湖等,以外力作用为主形成的河成湖、风成湖、冰成湖、海成湖及溶蚀湖等(伍光和等,2000;舒良树,2010)。但需要注意的是,有不少湖泊的成因具有作用混成的特点(伍光和等,2000)。有石油地质学意义的主要是一些与构造作用相关的大中型湖泊(柳广弟,2009),并按湖水补排情况可分为畅流湖盆(吞吐湖)和闭流湖盆两类。前者河水既能注入,又能流出,注入湖盆的水量大于蒸发量和地下渗流量之和,湖平面的位置维持在与湖盆的最低溢出口相同的高程上,多余的水通过泄水通道流出湖盆;后者闭流湖盆只有入湖河流,没有出湖水流。

还有一些按其他标准划分的各类湖泊,如按湖水与海洋沟通情况可分外流湖与内陆湖两类,外流湖是指湖水能通过出流河汇入大海,内陆湖则与海隔绝(郑绵平等,1989;张焜等,2010);根据湖水温度的高低,可分为暖湖、温湖和冷湖(王洪道,1995);根据湖水中的营养物质分为富营养湖、中营养湖和贫营养湖(王洪道,1995;伍光和等,2000);根据湖水所含主要阴离子的种类不同分为碳酸盐水、硫酸盐水和氯化物水等(王洪道,1995;郑绵平,2001)。

总体而言,考虑到湖盆是湖泊形成的基础,湖盆的成因不同、湖泊的形态及湖底的原始地形也有各异,而湖泊的形态特征往往对湖水的运动、理化性质、水生生物生长及湖泊的演化,都有不同程度的影响,因而按湖盆成因分类得到广泛的应用(黄锡荃等,1985;伍光和等,2000)。

湖水含盐量是衡量湖泊类型的重要标志。含盐量系指湖水中总的离子浓度,通常是根据钠、钾、镁、钙、碳酸盐、硅酸盐及卤化物的浓度来计算(王洪道,1995)。按湖水含盐度的大小,可分为淡水湖、微(半)咸水湖、咸水湖及盐水湖4类,分别指湖水含盐度小于1g/L、在1～24g/L、在24～35(50)g/L、达到或超过35(50)g/L(Zheng et al.,1993)。其中,盐度大于35(50)g/L的通常称为盐湖或卤水湖,此时卤水的含盐量,已经接近或达到饱和状态,甚至出现自析盐类矿物的结晶或者直接形成盐类矿物的沉积。另外有的盐湖因表面卤水干涸而没有湖表卤水,但有湖表盐类沉积,湖表往往形成坚硬的盐壳,由含盐沉积与晶间卤水组成地下卤水湖,此类盐湖一般称为干盐湖,有的盐湖的湖表面被砂或黏土粉砂覆盖成沙下湖(王洪道,1995)。

盐湖是一种咸化水体,多数为湖泊发展到老年期的产物,它富集着多种盐类,沉积的盐类矿物达200余种,是重要的矿产资源(黄锡荃等,1985;郑绵平等,1989)。人类已经从盐湖中开采大量石盐、碱、芒硝和钾、锂、镁、硼、溴、硝石、石膏和医用淤泥等基础化工、农业、轻工、冶金、建筑和医疗等重要原料(郑绵平,2001)。盐湖中还赋存着具有工业意义的铷、铯、钨、锶、铀以及氯化钙、菱镁矿、沸石、锂蒙脱石等资源,发育有大量具有重要经济价值与科学意义的嗜盐藻、盐卤虫、螺旋藻、轮虫等特异生物资源和耐旱、耐盐碱基因资源,它们为人类获取蛋白质、天然食物色素、能源、多种工业科学材料和净化环境,为盐湖变为"良田"开拓了良好的前景(郑绵平,2001)。同时盐湖又是重要的旅游资源和医疗淤泥资源。盐湖卤水的储热特点,已开始用于太阳能盐水池发电(郑绵平,2001)。盐湖也是自然环境信息和天然实验室,还是"碳沉积池(carbon sinks)""自然生物反应器(nature bioreactors)"。此外,盐湖沉积占世界陆表面积相当大,有大量碳酸盐沉积,能在一定程度上延迟温室效应(黄锡荃等,1985)。

　　研究认为,盐湖的形成条件主要有两点。首先是封闭的地形和一定盐分与水量的补给(张彭熹,2000;郑喜玉等,2002)。封闭的地形使流域内的径流或泉水向湖泊汇集,湖水不致外泄,盐分通过径流或泉水源源不断地从流域内向湖泊输送,在强烈的蒸发作用下,湖水咸度越来越高,盐分越积越多,久而久之,就形成了盐湖。其次是干旱或半干旱的气候环境(张彭熹,2000;郑喜玉等,2002)。在干旱或半干旱的气候条件下,湖泊的蒸发量往往超过湖泊的补给量,湖水不断浓缩,盐度日渐增加,使水中各种元素达到饱和或过饱和的状态,在湖滨和湖底形成了各种不同类型盐类矿物的沉积。如我国的柴达木盆地,空气干燥,降水量稀少,是一个典型的内陆荒漠盆地。位于盆地东北缘的茶卡盐池,年降水量约 210mm,盆地中心的察尔汗盐湖年降水量仅 30mm 左右,这里的年蒸发量却达2400～2600mm,蒸发量远远大于降水量及地下水对湖泊的补给量,这样的气候条件十分有利于盐湖的形成,因而在盆地内部分布了众多的盐湖。由于各种盐类的溶解度不同,在盐类矿物晶出时呈现出一定的沉淀顺序,从物源的上游到盐湖之间,各种盐类沉积物常呈有明显的环带状分布(郑绵平等,1989;郑喜玉等,2002)。例如在昆仑山北麓的一些盐湖地区,靠近山区的地段为硼盐带,近湖地段为芒硝带,湖内则沉积有食盐和光卤石。这种现象说明盐类物质是自流域向盐湖迁移的。盐湖不仅可以形成于大陆,也可由海湾演变而成(郑绵平等,1989;郑喜玉等,2002)。如果海湾因某种原因与海洋隔离,成为封闭状态,兼之气候干燥炎热,水体在强烈的蒸发作用下盐度将不断增高,最后也会形成盐湖,产生各种盐类沉积。

　　从盐湖的形成条件可以看出,盐湖的分布有明显的规律。以中国为例,盐湖的分布几乎全部集中在北部的内陆区域。大致在冈底斯山、念青、唐古拉山、秦岭、吕梁山及大兴安岭以北的地区,介于北纬 32°～49°,这一广大地区被称为中国盐湖区。藏北、青海、新疆和内蒙古的盐湖数量最多,相比而言,甘肃、宁夏及黑龙江等省区只有少数盐湖。盐湖之所以集中在上述地区,是由于这些地区处在干旱或半干旱的气候环境,年蒸发量远大于年降水量。例如,藏北年蒸发量大于年降水量为 10～40 倍,青海为 70～120 倍,新疆为25～250 倍,内蒙古为 15～60 倍。

　　盐湖的类型有很多,根据盐湖卤水赋存状态、盐湖沉积的主要盐类矿物和卤水的化学成分可划分出不同类型的盐湖。按盐湖卤水赋存状态,盐湖可分为卤水湖、干盐湖和沙下湖(黄锡荃等,1985)。卤水湖的特征是盐类沉积仅见于岸边或湖底某些部位,湖水在一年四季中有涨有落,但湖中总有自由表面卤水。干盐湖的主要特征是在一年内大部分时间是干枯的,只有在潮湿季节才有暂时性的表面卤水。裸露地表的干盐滩由于日晒和强烈蒸发,地下卤水析盐膨胀造成地表龟裂,更由于常年风吹、雨淋、日晒蒸发形成了巨大的盐壳,比如位于我国青海的察尔汗盐湖就是一个巨大的干盐湖。沙下湖是以全年内均无表面卤水为特征的一类盐湖,晶间卤水的水位远比干盐湖的埋藏深度大,并且因卤水很少跟外界交换,水位较为平稳,只有降水下渗或盐类自析才稍微引起水位的微小波动。沙下湖另一个直观的特点是在其盐类沉积的顶部往往有或厚或薄的浮土和流沙覆盖,全年均无地表径流的补给。

卤水化学成分指示湖水物理化学作用的特点和水盐平衡体系,按盐湖卤水水化学成分分类在盐湖分类上应用最广,可分为碳酸盐类型、硫酸盐类型(包括硫酸钠亚型和硫酸镁亚型)和氯化物类型(黄锡荃等,1985;王洪道,1995;郑喜玉等,2002)。

碱湖是湖水的水化学类型为碳酸盐的盐湖,是众多盐湖类型中的一种,按盐湖的主要盐类沉积矿物,盐湖可分为石盐湖、芒硝湖、碱湖、硼酸盐盐湖和钾镁盐盐湖等。碱湖湖水的主要阴离子为 HCO_3^-、CO_3^{2-},其化学沉积产物主要为碳酸盐类,以碳酸钠盐和碳酸氢钠盐为主,如[$Na_2CO_3 \cdot 10H_2O$](苏打),[$Na_2CO_3 \cdot NaHCO_3 \cdot 2H_2O$](天然碱)、单斜钠钙石(碳钠钙石、斜钠钙石)[$Na_2CO_3 \cdot CaCO_3 \cdot 5H_2O$]等,还可能伴有不同数量的石膏和石盐,此类湖泊也称苏打湖。

1.2.2 碱湖的基本特征

1. 碱湖湖盆的主要成因类型

碱湖湖盆的成因类型目前最常见和最重要的基本都是构造湖,除此之外,风成湖和火山口湖也有一定的发育(杨清堂,1996;郑绵平,2001)。

构造湖是受构造运动控制,由于构造运动所产生的地壳断陷、拗陷和沉陷所产生的构造湖盆(王洪道,1995;舒良树,2010)。如以世界最重要的两大碱湖带东非裂谷碱湖带和北美西部碱湖带为例,二者均为构造湖。东非地区沿东非裂谷的东支发育一串依构造线排列的构造湖群,是目前世界最发育的碱湖带,其中最著名的碱湖有马加迪湖、纳特龙湖等,均为断陷湖盆(Eugster,1980;Garrett,1992);北美地区的碱湖主要发育在美国西部,大致呈北西南东向分布,是目前已知全球储量最多的碱湖带和碱矿床发育带,以断陷-凹陷为主,主要的如阿伯特湖、欧文斯湖、西尔斯湖等(Spencer et al.,1984;Kowalewska and Cohen,1998)。青藏高原碱湖带和内蒙古高原碱湖带是我国两大碱湖带,大部分也是构造湖或在构造湖基础上被改造的碱湖(郑绵平等,1983;郑绵平等,1989;杨清堂,1996)。受强烈隆升的影响,青藏高原断陷作用发育,湖泊长轴与区域构造线方向相吻合,高原上的大部分碱湖为构造湖,如马日错、懂错、蓬错等(郑绵平等,1983;郑绵平等,1989);内蒙古高原碱湖带中断陷和拗陷湖盆均有发育,前者如查干诺尔等,后者如大布苏湖等(杨清堂,1996)。此外,一些著名的古碱湖盆地也以构造湖盆为主,如美国的绿河盆地,它是目前发现储量最大的天然碱矿床,形成于古近纪,为一大型拗陷盆地(Mello and Maxwell,1990;Horsfield et al.,1994),我国的泌阳凹陷也发现了国内最重要的碱矿(李敏禄,1984;邱隆伟等,2001)。

除构造湖外,有的碱湖也为火山口湖和风成湖,火山口湖主要发育在东非裂谷,而风成湖则在内蒙古高原碱湖群中有一定发育,主要是一些风蚀洼地(杨清堂,1996;贾国东和蔡克勤,1997)。这些天然碱湖处于半沙漠区,四周多被沙丘所环绕,岸边至湖底高差为10～20m(孙大鹏,1990)。

综上,碱湖的湖盆类型较多,规模大小悬殊,即便同是构造湖,其形成作用和特征也有很大的差异。总的来说,碱湖的形成与湖盆的成因类型似乎没有特定的关系,有的湖盆可能是两种或多种成因联合作用形成,湖盆形成之后会受到各种地质作用的改造,直至消亡,主要的改造作用是陆源碎屑沉积和气候的影响,后期的地质构造作用也是重要的因素。

2. 碱湖的主要自生矿物与成碱作用

如前所述,碱湖为碳酸盐型盐湖,所以这类盐湖中发现的矿物主要为碳酸盐类矿物,现已发现二十余种,常见的主要矿物组合包括:单斜钠钙石(碳钠钙石、斜钠钙石)$[Na_2CO_3 \cdot CaCO_3 \cdot 5H_2O]$、斜方钠钙石(钙水碱)$[Na_2CO_3 \cdot CaCO_3 \cdot 2H_2O]$、碳酸钠钙石$[Na_2CO_3 \cdot 2CaCO_3]$、天然碱$[Na_2CO_3 \cdot NaHCO_3]$、泡碱$[Na_2CO_3 \cdot 10H_2O]$、水碱$[Na_2CO_3 \cdot H_2O]$、碳酸氢钠盐$[NaHCO_3]$、碳氢钠石$[Na_5H_3(CO_3)_4]$、硅硼钠石$[NaBSi_3O_8]$、氯碳钠镁石$[MgCO_3 \cdot Na_2CO_3 \cdot NaCl]$、碳钠镁石$[NaMg(CO_3)_2]$、片钠铝石$[NaAl(CO_3)(OH)_2]$、碳酸钠钒$[NaCO_3 \cdot 2Na_2SO_4]$、水菱镁矿$[Mg_4(OH)_2(CO_3)_3 \cdot 3H_2O]$等。夹层中方解石、白云石等矿物较发育,菱镁矿和菱铁矿也常见到,同时常见数量不等的石膏、石盐、芒硝等。在不同温度的湖水中可能出现不同类型的矿物,如泡碱在寒冷的湖水中结晶,而水碱一般在温暖的湖水中晶出,含水矿物在较高温度的成岩压实过程中可能发生脱水作用而形成新的矿物,如碳酸钠钙石可能在一定成岩条件下由单斜钠钙石转化而来。与构造相关的大型碱湖盆地(火山洼地或断陷盆地)常发育一些特殊的矿物,如硅质岩、燧石、硅硼钠石、高 P_{CO_2} 分压矿物如碳酸氢钠石、高温矿物如富铁白云石、沸石类及萤石类矿物等。

碱湖的成碱作用是一个复杂的过程,现在还不十分清楚,不同的矿物形成过程也不相同,甚至有的矿物是否能在自然条件下沉积也是个争议的问题,但可能存在下列三种成碱作用:化合成碱作用、硫酸盐还原成碱作用及置换成碱作用(郑喜玉和吕亚平,1995a,1995b)。大部分碱湖处于半干旱沼泽草原地带,具有良好的 HCO_3^- 和 CO_3^{2-} 的水化学背景,有利于碳酸盐盐湖的形成和天然碱的沉积。富含阴离子 HCO_3^-、CO_3^{2-} 和阳离子 Na^+ 的卤水,在干旱气候影响下,阴阳离子作用生成 $NaHCO_3$ 或 $Na_2CO_3 \cdot nH_2O$ 等盐类沉积是普遍存在的成碱过程,即化合成碱作用。从大部分的碱湖盐类沉积与白云石共生来看,化合成碱是重要的成碱方式(郑喜玉和吕亚平,1995b)。

成碱过程中硫酸盐还原作用是人们讨论较多的一个问题。碱湖形成和天然碱沉积通过微生物脱硫作用完成,该作用以有机质为还原剂且在硫酸盐还原细菌的参与下进行,硫酸钠盐(主要为 Na_2SO_4)在细菌(脱硫细菌)参与下产生还原作用,分解成 Na^+ 与 SO_4^{2-} 离子,迅速同富含 HCO_3^- 和 CO_3^{2-} 的碳酸盐湖水反应,生成不同类型碳酸氢钠盐或碳酸钠盐和 H_2S,其结果能消耗沉积物和水中的 SO_4^{2-},同时向环境释放 HCO_3^- 和 H_2S。因此菌藻类生物和湖边耐盐碱植被的生物化学作用在碳酸钠矿床形成中占有不容忽视的地位,内蒙古碱湖、肯尼亚碱湖如此,河南吴城碱矿、安棚碱矿、美国绿河盆地碱矿及一些含硫酸盐类(芒硝为主)沉积的碱湖碳酸盐类沉积中,此类成碱作用也可能有重要贡献(郑喜玉和吕亚平,1995a;郑大中和郑若锋,2002)。

置换成碱作用是碱湖形成和成碱作用的又一重要途径(郑喜玉和吕亚平,1995a,1995b)。硫酸钠(芒硝)水溶液与碳酸钙 $CaCO_3$ 作用,形成碳酸盐类(主要是 Na_2CO_3)沉积,即为置换成碱,反应式为:$Na_2SO_4 + CaCO_3 \rightleftharpoons Na_2CO_3 + CaSO_4$,这种置换成碱过程,往往发生在荒漠草原或沼泽草原地带石灰质黏土或钙质黏土(黄土型)沉积分布广泛的碳酸盐型盐湖(郑喜玉和吕亚平,1995b)。

3. 碱湖的形成与分布

碱湖的形成需要一定的自然条件,普遍认为最主要的有5点。

(1) 半干旱(季节性的潮湿环境与干旱季节相交替)气候环境,蒸发量大于补给量,一般是沙漠-草原环境,但不是极干旱的沙漠环境。

碱湖是碳酸盐型盐湖,碱矿物从饱和的卤水中结晶而出。现代碱湖的研究表明,具有经济价值天然碳酸钠的集聚地有利气候条件为半干旱,通常是沙漠-草原环境,而不是严重的沙漠环境,蒸发量大于补给量,季节性的潮湿环境与干旱季节相交替。

郑绵平(2001)在《论中国盐湖》一文中详细讨论了我国盐湖的水化学类型的空间分布特征,指出我国盐湖类型齐全,包括氯化物型、硫酸镁亚型、硫酸钠亚型、碳酸盐类型和硝酸盐型等,各类盐湖的分布具有明显的规律性,大致可分成三个带,以柴达木—塔里木盆地为第四纪干燥中心,向外依次有氯化物-硫酸盐带或含硝酸盐型硫酸镁亚型带→含氯化物-硫酸镁亚型带或硫酸钠亚型→碳酸盐型和硫酸钠亚型带或高盐度碳酸盐带、低矿化度碳酸盐带。此分布规律恰与中国盐湖带中不同亚区成盐地质历史和古今气候差异性相一致。

新生代以来成盐历史悠久,现代仍为中国大陆干旱中心的柴达木—塔里木东部,其现代盐湖水型"变质程度"最高,形成柴达木氯化物-硫酸镁亚型和塔里木含硝酸型硫酸镁亚型。需要指出的是,塔里木北缘—天山盆地形成硝酸盐盐湖还与该区全新世炎热、极干旱的气候有密切关系。

(2) 与构造相关的大陆半封闭或封闭湖泊或沼泽。

封闭或半封闭的湖盆或汇水洼地为热液卤水及岩层风化淋溶随水迁移的成碱成盐物质的汇集创造了必要条件(张彭熹,2000;郑喜玉等,2002)。在这种环境下,能够大量生产天然碳酸钠,碳酸钠的集聚地受到近代或古代非海洋地质环境的制约。蒸发浓缩是碱性湖沼中非海洋咸水形成的本质原因,这些湖沼的特点就是浅,并且有许多湖还经历着大的季节性的面积和浓度的变化。

(3) 湖盆供水区的岩石含有丰富的钠、钙、镁等物源,很多重要的碱矿与碱性火山岩有关。

天然矿床中的碳酸钠来源,被归因于几种过程,包括火山的爆发活动、各种含碳酸钠矿泉与硫酸钠之间的反应、含钠土壤的离子交换等(魏东岩,1999)。比如,火成岩或变质岩层的地表水,大都在蒸发后形成碱性溶液,这是因为这些岩石相对不含氯化物和硫酸盐,致使溶液可能变成以钠和 CO_2 为主,钠由钠长石沥滤而来,CO_2 来自有机物和空气。另一方面,沉积岩地区的流水常含有较多的氯化物、硫酸盐和钙,产生含碳酸钠的卤水及地表水渗透以硅酸盐和二氧化硅(如风化花岗岩和粉沙)为主要成分的土壤,变为强碱性,并使碳酸钠富集起来。南非的比勒陀利亚盐池、美国内布拉斯加州的沙丘地区以及巴基斯坦的信德都是这种作用导致。在碱湖中,由于湖水中的藻类和细菌的作用,CO_2 不断产生,这有助于晶碱石单一矿床的沉积(杨江海等,2014)。湖盆供水区的岩石含有丰富的钠、钙、镁等物源,它们可以由多种富钠的火成岩及变质岩经长期风化淋滤使钠、钙、镁等可溶组分汇集于湖盆中,也可以由火山活动提供 CO_2 气体或与深断裂相关联的温泉水直接补给。

(4) 大量持续的 CO_2 和 HCO_3^- 供给长期保持碳酸型水环境。

在持续的蒸发沉积过程中,阴离子相对含量中 CO_3^{2-} 始终远高于 SO_4^{2-} 和 Cl^- 的含量(贾国东和蔡克勤,1997;杨江海等,2014)。此外,碱湖的形成还常与碱性热泉、原始碱的继承性有关(Horsfield et al.,1994)。

(5) 在还原环境中,厌氧化硫还原菌催化下,有机物还原硫酸盐矿物(如芒硝)成碱,这是产生土地盐碱化及形成碱湖的另一重要原因(孙镇城和杨藩,1997;杨江海等,2014)。

4. 碱湖的沉积与演化

碱湖的沉积与演化大致包含 4 个阶段,分别是成碱预备、初成碱、强成碱和弱成碱/终止演化(郑绵平,2001)。首先是成碱预备阶段,代表淡水及较低盐度沉积组合——湖进组合。其次是初成碱阶段,代表碱化沉积组合——高位晚期和湖退早期组合,为含碳酸盐岩类组合沉积。前期以方解石沉积为主,后期为白云石沉积。标志为具季节性纹层的深灰色或黑色泥页岩,代表相对较深水的沉积,也表示湖水已初步浓缩至方解石饱和的沉积,再进一步浓缩,可能出现白云石和碱类矿物。然后是强成碱阶段,形成蒸发盐岩类沉积组合——以碱类矿物沉积为主的组合。最后是弱成碱阶段或演化终止阶段,此阶段为咸化减弱沉积组合,此时碱类矿物逐步消失,顺序大致与阶段二相反,代表再次湖进的开始或湖盆演化的结束。

地 质 背 景 第2章

2.1 构造特征及演化

2.1.1 大地构造背景

准噶尔盆地处于哈萨克斯坦板块、西伯利亚板块和塔里木板块的交汇部位,是一个典型的三面被古生代缝合线围绕的晚石炭世—中生代发展起来的大陆板内盆地构造(黄汝昌等,1989;康玉柱,2003;陈业全和王伟峰,2004)(图 2-1)。它的西面为北东—北东东向的西准噶尔造山褶皱带,是准噶尔地体与哈萨克斯坦板块相互碰撞拼接的缝合带,其间发育巴尔勒克、玛依勒及达尔布特等岩石圈断裂带,北东向的大断裂带在力学性质上为左旋挤压扭动性质,明显可见花岗岩体及蛇绿岩的错动和消失(张凯,1989;武恒志等,2004)。盆地西北缘隐伏的克乌断裂带属于达尔布特岩石圈断裂带的分支断裂,是 A 型俯冲带上的破裂反映(吴庆福,1985;张凯,1989;武恒志等,2004)。西准噶尔造山褶皱带上的最新地层为下石炭统典型的蛇绿岩建造,泥盆系及石炭系以中酸性火山岩、火山碎屑岩以及陆相、海相碎屑岩建造为特征,上石炭统上部及二叠系为局限磨拉石建造(张凯,1989)。寒武纪—早石炭世甚至到晚石炭世的早期表现为被动大陆边缘,早石炭世末期或晚石炭世早期,准噶尔地体与哈萨克斯坦板块碰撞闭合,结束了被动大陆边缘发育的历史,使准噶尔盆地西部进入一个新的发育阶段,碰撞标志物缝合线的蛇绿岩套时代为 C_1—C_2 时期(张凯,1989)。盆地的北东面及东面是西伯利亚古板块南缘阿尔泰褶皱造山带及东准噶尔褶皱造山带,自古生代以来经历了复杂的大陆边缘构造演化过程,从而促使大陆岩石圈在这里增生(赖世新等,1999;陈新等,2002)。阿尔泰复式背斜带和东准噶尔复式背斜带均发育有岩石圈断裂带,其中著名的有额尔齐斯、阿尔曼泰及克拉美丽等岩石圈断裂带,建造特征可与西准噶尔造山褶皱带相比较,存在克拉美丽基性岩带,地表有石炭系分布,变形强度自西北向东南减弱(陈新等,2002;吴孔友等,2005)。C_1—C_2 时期西伯利亚板块与准噶尔板块聚敛碰撞,揭开了克拉美丽山推覆体的发育历史和准噶尔东部前陆系统的发育历史(张凯,1989)。盆地南缘的北天山造山褶皱带为准噶尔板块与塔里木板块的缝合带,发育泥盆系、石炭系海相、陆相碎屑岩建造和火山岩建造,石炭系的中酸性火山岩十分发育,北天山露头广泛发育上石炭统,主构造线方向近东西向,以北缘断裂与准噶尔分界(赖世新等,1999)。C_2—P_1 时期准噶尔-吐鲁番板块与塔里木板块碰撞,从而揭开了北天山推覆构造和南部前陆盆地系统的序幕,碰撞缝合线的标志物蛇绿岩套的时代为 C_2 晚期(张凯,1989)。与东西准噶尔褶皱造山的时间相比,北天山的回返时间更晚一些,前两者为晚石炭世早期,而后者为石炭纪末期(张凯,1989;吴孔友等,2005)。

从盆地周缘山系的区域资料可以看出,准噶尔盆地是一个海西运动后期发展起来的周缘有缝合线围绕的板内沉积盆地,其基底中存在前寒武纪的结晶基底。北、东、南三面北西向的岩石圈断裂、基底断裂等均具有板内构造应力场的右行挤压扭动性质;西面的北东—北东向岩石圈断裂、基底断裂等则均为左行挤压扭动性质。两者在盆地北部结合,形成了向北突出的弧形构造带(陈新等,2002;康玉柱,2003)。

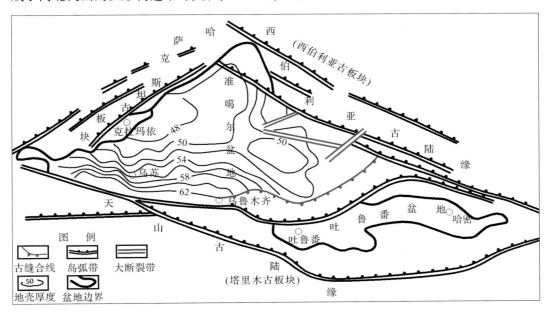

图 2-1　准噶尔盆地大地构造位置图

2.1.2　构造演化

石炭纪时期,准噶尔盆地在西北和东北边缘先后形成前陆盆地(赖世新等,1999;吴孔友等,2005)。石炭纪末至二叠纪,玛湖凹陷研究区进入大陆发展阶段,准噶尔盆地已具有雏形,到三叠纪形成统一的内陆拗陷沉积盆地(陈业全和王伟峰,2004;武恒志等,2004)。早中侏罗世,沉积范围不断扩大,形成大泛盆沉积格局(吴孔友等,2005;杜社宽,2007)。中侏罗世以后,博格达地区及准噶尔周边的山系进一步隆升,逐渐切断与外部的联系而形成相对独立的拗陷盆地(陈新等,2002;武恒志等,2004)。新生代以来,准噶尔盆地收缩,其南部的地壳受挤不断沉降而形成北浅南深的大型类似前陆盆地(吴孔友等,2005)。

石炭纪末至二叠纪,是准噶尔盆地拗隆构造格局形成及演化的最关键时期。这一时期以前陆断陷盆地为主,下二叠统受正断层控制的伸展盆地的影响。区域地震剖面解释结果显示,这些断陷盆地呈 NWW—SEE 向,主要分布于中央拗陷等地区,早二叠世晚期—中晚二叠世初期,在准噶尔盆地周缘褶皱山系向盆地的冲断推覆作用下,深层断陷开始上隆,主要分布于玛湖凹陷—盆 1 井西凹陷,以陆缘近海湖相砂泥岩为特征。晚二叠世—中三叠世,准噶尔盆地开始进入复合类前陆盆地的构造发展阶段,表现为盆地周边山系向盆地内部逆冲,造成山系前缘岩石圈低幅度挠曲沉降,同时由于盆地内部基底构造的控制和影响,在盆地内部表现为多沉降中心同期发育的特点。但由于动力源来自于西南,因此准噶尔盆地南侧为强挤压逆冲，东北、西北及西侧被动响应为弱挤压逆冲，表现在盆地的沉降上则是在南侧形成了较深的盆地，而西北侧和东北侧形成浅盆。这个阶段经历了多幕弱逆冲挤压建设，每幕弱逆冲期以盆地边缘负载沉降、中部基底上隆为特征，玛湖凹陷成为沉降中心之一。燕山运动是该区中生代期间最为强烈的构造运动，在盆地内部表现为西强东弱，盆地西部边缘发生强烈的逆冲，玛湖凹陷西斜坡受山前断阶带的影响被不断抬升，该构造格局最终形成于侏罗纪晚期，构造较为简单，基本表现为东南倾的平缓单斜，局部发育低幅度平台、背斜或鼻状构造。自二叠纪开始至侏罗纪早期，玛湖凹陷一直是盆地的沉降中心之一，长期接受大量的陆源碎屑沉积，形成了巨厚的烃源岩，为中央拗陷内最富的生烃凹陷。

对于准噶尔盆地玛湖凹陷研究区，先后经历了海西、印支、燕山和喜马拉雅四期构造演化，形成了现今的构造格局。二叠纪以来，主要经历了5个构造演化阶段（陈新等，2002；吴孔友等，2005；杜社宽，2007）（图 2-2）。

（1）玛南前陆拗陷发育期：早二叠世准噶尔盆地总体处于前陆挤压环境，西北缘地区在早二叠世佳木河组沉积时期仍为裂陷环境，早二叠世玛湖凹陷西部和南部为前陆拗陷沉积期，玛湖凹陷沉积中心位于玛南地区[图 2-2（h）]。

（2）玛湖凹陷沉积中心向北迁移期：早中二叠世玛湖凹陷沉积中心由南向北迁移，沉积厚度高值区由南向北逐层迁移[图 2-2（g）、图 2-2（f）]。

（3）玛湖凹陷稳定发育期：随着早二叠世西北缘前陆拗陷期的结束，中晚二叠世是玛湖凹陷大规模稳定发育时期[图 2-2（d）、（e）]。

（4）玛湖凹陷消亡期：三叠纪玛湖凹陷基本消亡，地形平坦，玛湖凹陷南北厚度差别不大[图 2-2（c）]，开始了拗陷型盆地发育期。

（5）南北掀斜与凹中凸起发育期：伴随着燕山构造运动，玛湖地区玛湖和玛湖南隆起构造开始发育[图 2-2（b）]，喜马拉雅山构造运动使玛湖北部地区明显抬升，且隆起构造特征持续发育[图 2-2（a）]。

因此，玛湖凹陷主要发育期在中晚二叠世，三叠纪玛湖凹陷消亡，并开始了向拗陷型盆地的沉积转变（陈新等，2002；匡立春等，2014）。

2.2 地层与沉积演化

2.2.1 地层

准噶尔盆地玛湖凹陷研究区地层发育较全，自下而上主要包括石炭系，二叠系下统佳木河组、风城组、中统夏子街组、下乌尔禾组及二叠系上统上乌尔禾组，三叠系下统百口泉组、中统克拉玛依组、上统白碱滩组，侏罗系下统八道湾组、三工河组、中统西山窑组及头屯河组，以及白垩系。其中，二叠系与三叠系、三叠系与侏罗系、侏罗系与白垩系为区域性不整合（匡立春等，2014；马永平等，2015）（图 2-3）。主要地层岩性特征如下。

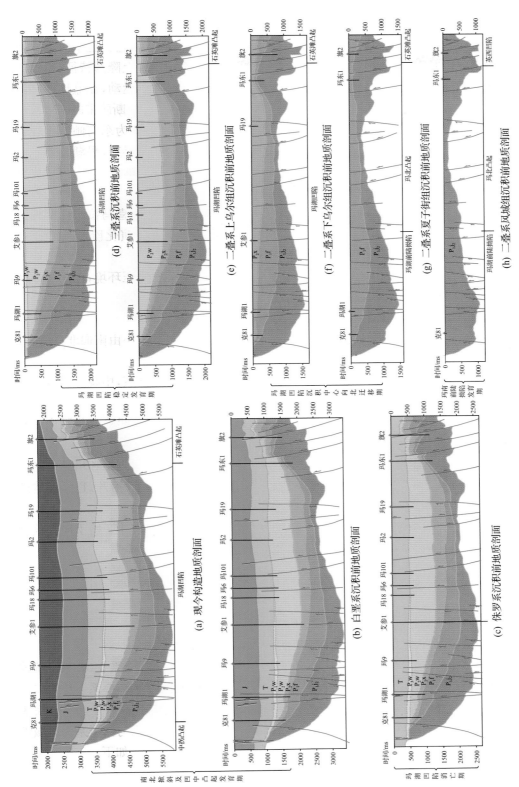

图 2-2 玛湖凹陷西环带 SW—NE 向测线构造演化示意剖面图

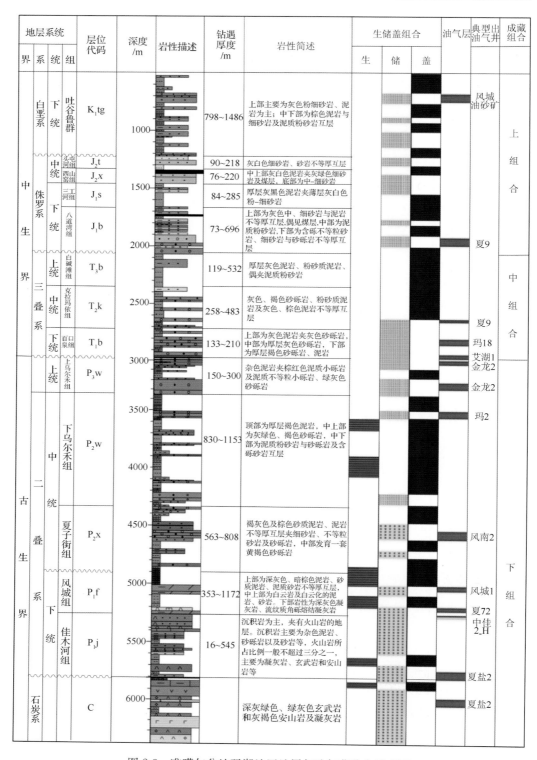

图 2-3 准噶尔盆地玛湖地区地层与油气藏分布示意图

1. 白垩系（K_1tg）

呈平行或角度不整合覆盖于侏罗系之上。白垩系中上部主要为灰色、浅灰色泥质砂岩、砂质泥岩互层；底部为灰色砂砾岩。

2. 侏罗系（J）

头屯河组（J_2t）：一般厚 90～200m。底部具有少量泥岩条带；中上部主要为灰白色细砂岩与砂岩不等厚互层。

西山窑组（J_2x）：一般厚度 80～200m，岩性为灰白色泥岩及灰白色、灰绿色砂岩夹煤层。中上部为灰白色泥岩与灰绿色细砂岩夹煤层，底部为中-细砂岩。

三工河组（J_1s）：岩性以灰色、灰黑色泥岩为主，夹薄层灰白色粉-细砂岩，一般厚 80～300m。

侏罗系八道湾组（J_1b）：一般厚 70～700m，依岩性旋回可分为三段。下段以含砾不等粒砂岩、细砂岩与砂砾岩不等厚互层岩及泥质粉砂岩互层；中段主要岩性为泥质粉砂岩，部分地区可见少量泥岩地层；上段为灰色中-细砂岩与泥岩不等厚互层，偶见煤层。

3. 三叠系（T）

白碱滩组（T_3b）：一般厚 100～500m，主要为厚层灰色泥岩、粉砂质泥岩，偶夹泥质粉砂岩。

克拉玛依组（T_2k）：主要为灰色、褐色砂砾岩、粉砂质泥岩及灰色、棕色泥岩不等粒互层，一般厚 250～500m。

百口泉组（T_1b）：一般厚 100～200m，主要为灰色泥岩、砂砾岩、褐色泥岩及含砾砂岩。根据岩性、电性特征及沉积旋回，三叠系百口泉组共分为三段，自下而上依次为百口泉组一段（T_1b_1）、百口泉组二段（T_1b_2）和百口泉组三段（T_1b_3），其中百口泉组一段（T_1b_1）为灰色泥岩夹灰色砂砾岩；百口泉组二段（T_1b_2）为厚层灰色砂砾岩；百口泉组三段（T_1b_3）为厚层褐色砂砾岩、泥岩。百口泉组三段和二段全区广泛分布，百口泉组一段分布范围则较小，在中拐凸起高部位和玛东地区遭受剥蚀。

4. 二叠系（P）

上乌尔禾组（P_3w）：一般厚 150～300m，依岩性旋回分为两段，两端为棕红色泥质小砾岩及泥质不等粒小砾岩、绿灰色砂砾岩，中间主要为杂色泥岩。

下乌尔禾组（P_2w）：一般厚 800～1200m，顶部为厚层褐色泥岩，中上部为褐色、灰绿色砂砾岩，中下部为泥质粉砂岩、砂砾岩、含砾砂层互层。

夏子街组（P_2x）：分布范围与风城组相近，与下伏风城组假整合接触，自下而上分为夏子街组一段（P_2x_1）、夏子街组二段（P_2x_2）、夏子街组三段（P_2x_3）和夏子街组四段（P_2x_4）。夏子街组四段（P_2x_4）岩性主要为灰褐色的砂砾岩、泥岩及泥质粉砂岩；夏子街组三段（P_2x_3）岩性主要为灰色、灰白色的白云质粉砂岩、白云质泥岩及砂砾岩；夏子街组二段（P_2x_2）岩性主要为褐色砂砾岩、白云质粉砂岩、粉-细砂岩、透镜状泥岩、泥质砂岩及砂质泥岩;夏子街组一段(P_2x_1)岩性主要为灰褐色砂砾岩、白云质粉砂岩、粉-细砂岩、含砾泥岩及泥质粉砂岩。

风城组(P_1f):在玛湖凹陷至盆1井西凹陷广泛分布,在西北缘断裂带附近,特别是风城地区钻揭最多,与下伏佳木河组整合接触或微角度不整合接触。内部自下而上分为三段,即风城组一段(P_1f_1)、风城组二段(P_1f_2)和风城组三段(P_1f_3)。风城组一段(P_1f_1)岩性主要为深灰色凝灰岩及流纹质角砾熔结凝灰岩;风城组二段(P_1f_2)岩性主要为深灰色薄层泥质云岩和云质泥岩互层,局部发育膏质粉砂岩;风城组三段(P_1f_3)岩性主要为深灰色、暗棕色泥岩及砂质泥岩泥质砂岩等不等厚互层。

佳木河组(P_1j):最完整的地层在玛湖凹陷西南端的五至八区,按岩性分为3个亚组和5个岩性段。下亚组厚约1000m,与下伏石炭系不整合接触。上部主要为灰、灰绿、灰黑色砂岩、泥岩互层夹薄层火山熔岩(安山岩、玄武岩);中部及下部以大套的火山岩为主(凝灰岩、安山岩、玄武岩及火山熔岩)。

石炭系(C):岩相类型复杂,火山岩极为发育,目前未钻穿,钻遇岩性上部主要为灰色灰质泥岩及泥岩,中部及下部以大套的火山岩为主(凝灰岩、玄武岩及火山熔岩等)。

2.2.2 沉积特征及演化

在综合分析西北缘单井、连井构造-沉积相分析成果和前人研究成果的基础上(陈新等,2002;吴孔友等,2005;陈永波等,2010;冯有良等,2013),根据研究区的沉积充填序列和区域性不整合分布,可将研究区的地层划分为6个主要的构造-沉积层序:下二叠统佳木河组—风城组构造层;中二叠统夏子街组和下乌尔禾组构造层;上二叠统上乌尔禾组构造层;三叠系构造层;下侏罗统八道湾组、三工河组和中侏罗统西山窑组构造层;中侏罗统头屯河组构造层(图2-4)。

1. 早二叠世佳木河期—风城期沉积及演化

早二叠世佳木河期—风城期,西准噶尔地区处于前陆盆地发育的早期,为弱挤压背景下间夹短暂松弛阶段的盆地环境,表现为佳木河期具有明显的火山活动,但火山活动逐渐减弱(詹家祯和甘振波,1998;鲜本忠等,2013);风城期的构造环境已向稳定方向发展,例如,玛湖拗陷虽然具有西深东浅的不对称地质结构,但已成为一个大型湖泊盆地(陈永波等,2010)。

具体而言,佳木河期发育了一套碎屑岩与火山岩混合沉积,沉积扇体以发育水下扇为主,三坪镇-五区局部发育扇三角洲。水下扇主要分布于车拐、五区南、百口泉、乌尔禾及夏子街地区,总体为一套火山岩及砾质粗碎屑岩组合。而风城期是西北缘二叠纪主要的湖(海)泛时期之一,湖侵范围明显扩大,湖相沉积占了主导地位,岩性组合以白云质泥岩和泥岩互层为特征。

2. 中二叠世夏子街期—下乌尔禾期沉积及演化

夏子街期与下乌尔禾期分别经历了两次湖侵过程,构造活动也分别由强逐渐变弱(吴庆福,1985;武恒志等,2004),这表明在前陆盆地的发育期受周缘冲断活动的间隙式或幕

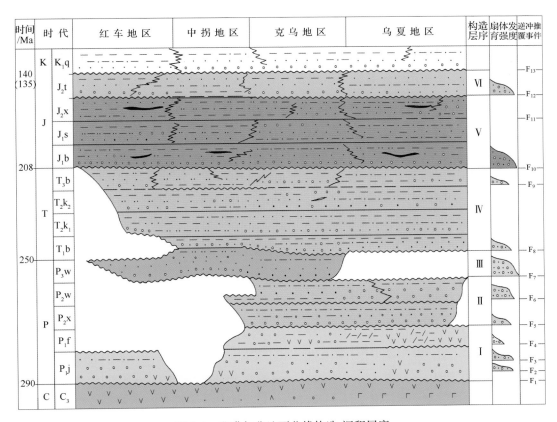

图 2-4 准噶尔盆地西北缘构造-沉积层序

式活动影响,盆地的构造沉降也经历了由快变慢的周期性活动过程,相反沉积充填表现为由粗变细的旋回沉积,表现出前陆盆地周缘冲断的挠曲沉降响应与幕式活动特点(张凯,1989;杜社宽,2007)。

具体而言,夏子街期物源供给丰富,在平面上形成了主要由扇三角洲相-湖泊相的展布规律(陈新等,2002;武恒志等,2004)。夏子街组中下部主要由一套较厚的砂质砾岩、小砾岩夹砂岩组成的扇三角洲平原亚相,而至上部及顶部则为相对较薄的砾质砂岩、砂岩夹泥岩沉积,组成较细粒扇三角前缘亚相,在垂向上形成了夏子街组的退积型沉积序列。而下乌尔禾期是研究区主要的湖泛期之一,沉积岩相主要由水下扇、扇三角洲相和湖泊相 3 种相单元构成,扇体主要分布于克拉玛依以东和以北地区,湖泊相广泛分布于扇体以南和扇体间地区。下乌尔禾期沉积在平面上从盆地边缘向盆地内部具有扇根→扇中→扇缘→滨湖亚相→浅湖亚相沉积序列或扇三角洲相→滨浅湖亚相→半深湖亚相的沉积充填模式,具有盆地边缘沉积较粗、向内部变细的沉积特点;在垂向上,表现为砂砾岩与泥岩、砂岩互层,总体上为退积型沉积序列。

3. 上二叠世上乌尔禾期沉积及演化

上乌尔禾期是准噶尔盆地西北缘前陆冲断活动的最强时期,前陆冲断带的前锋基本达到其现今部位（陈新等，2002；吴孔友等，2005；杜社宽，2007）。二叠纪的冲断活动表现出前展式特点。经过佳木河期—风城期的调整，夏子街期、下乌尔禾期幕式冲断活动，至上乌尔禾期的强烈活动期，前陆盆地达到其最强盛时期，表现出前陆盆地的典型发育历程。由于上乌尔禾组与下三叠统呈区域性不整合，表明上乌尔禾末期发生过区域性构造抬升运动，因此上乌尔禾期完整的构造沉积演化表现为早期构造抬升、中晚期构造沉降至末期构造抬升的变化过程。

具体而言，上乌尔禾期盆地边缘的断裂活动进一步增强，表现在沉积相与前期沉积有明显不同的风格，粗碎屑岩相沉积范围扩大，包括冲积扇相、水下扇相、辫状河流相和湖泊相4种。其中水下扇相最为发育，分布于中拐以东（北）的大部分地区，且扇体规模巨大，构成一个统一的扇体。冲积扇相和辫状河流相仅分布于车排子地区，构成了该地区上乌尔禾组沉积相格架的主体。

4. 三叠纪沉积及演化

三叠纪的断裂活动、古流向变化特征与沉积充填特点清楚地再现了冲断活动逐渐减弱的特点，表现在断裂活动呈后退式，反映挤压活动的逐步减弱；相应的物源区也在后退，河流具有溯源侵蚀特点；每一时期的活动具有周期性，再现出4个幕式冲断活动特征；不同带之间的活动差异明显，其间常为水体稍深部位的沉积（吴孔友等，2005；杜社宽，2007）。

具体而言，印支运动期间，哈拉阿拉特山地区急剧抬升，断裂活动增强，三叠纪沉积中心主要在百口泉—夏子街一带。下三叠统的百口泉组与上二叠统乌尔禾组及其下伏的石炭—二叠系呈区域不整合。

早三叠世百口泉组与下伏地层为明显的不整合接触，表明二叠纪末期，该区曾发生过大规模的构造运动。百口泉组仅分布在拐150井、克75井和554井连线的北东侧，西南侧的车排子地区、中拐凸起及红山嘴地区没有沉积。粗碎屑也主要分布在扇体发育区，向南西及盆地方向递减。

中三叠世早期（克下组沉积期）沉积相类型丰富，有冲积扇相、水下扇相、扇三角洲相、三角洲相和滨浅湖相，盆地内部大部分地区发育滨浅湖亚相。克下组顶部有一层紫红-灰色泥岩，分布广，为湖相沉积物。早三叠世的滨、浅湖沉积一般环绕扇体分布于其前缘或其间。

中三叠世晚期（克下组沉积期）盆地构造古地理格局基本继承了中三叠世早期的面貌，沉积以发育湖相、扇三角洲相为主，冲积扇沉积次之，拐148—拐10井区发育湖底扇。

晚三叠世是三叠纪最大湖侵时期，并形成地层广泛超覆的时期。白碱滩期广泛发育了一套湖相沉积，红山嘴—湖湾区及百口泉—夏子街地区，甚至变浅成为滨湖环境。

总之，由二叠纪的前展式冲断活动，到三叠纪断裂的逐步后退式发育，完整地揭示了一个前陆冲断带由盛而衰的活动过程。与此对应的是，前陆盆地体系由分割到统一，由不对称充填到完整掩埋。三叠纪末期的构造隆升造成了冲断带及其后缘造山带较大强度的削顶与剥蚀。

5. 早侏罗世八道湾期—中侏罗世西山窑期沉积及演化

早侏罗世—中侏罗世早期,准噶尔盆地西北缘处于构造活动的宁静期。在原来的叠瓦冲断楔之上发育了稳定的楔顶沉积,具有超覆特征(赖世新等,1999;杜社宽,2007)。盆地内部主要为河流-三角洲沉积。将其与整个盆地乃至整个西北地区的同期沉积相联系,为一套弱伸展背景下的沉积组合。除早侏罗世形成规模巨大的扇体裙外,中侏罗世和晚侏罗世扇体的发育程度和规模均较三叠纪扇体明显小得多,表明构造活动从早期到晚期有逐渐减弱的趋势。

具体而言,早侏罗世早期(八道湾组沉积期)沉积经历了冲积扇→砂质辫状河→辫状平原→网状河→网状平原→扇三角洲向湖相沉积的过程。早侏罗世晚期(三工河期)是西北缘地区构造活动相对平静期,三工河期岩性组合为一套灰、灰绿色泥岩夹砂岩沉积。三工河期是侏罗纪最大湖侵期,湖水边界大部分漫过克乌断裂上盘,物源主要来自扎依尔山和哈拉阿拉特山。该组岩性以灰、灰绿、深灰色泥岩为主,地层厚度 50～120m,最厚205m,与下伏八道湾组连续沉积。断裂上盘厚度较小,下盘较大,向东南斜坡方向厚度增大。岩性特征总的来说较细,以泥岩为主。中侏罗世早期—西山窑期处于构造活动相对平静期,古地理面貌类似三工河期,只是湖水略浅,植被较发育。该组岩性以深灰、灰黑色泥岩为主,含薄煤层及含大量植物化石。

6. 中侏罗世头屯河期沉积及演化

中侏罗世头屯河期,沉积特征与西山窑期既有一定的继承性,但也有明显的变化(杜社宽,2007),与西山窑期相比,湖水再度收缩,水体变浅,扎依尔山和哈拉阿拉特山虽仍为主要物源区,但活动相对稳定,特别是哈拉阿拉特山碎屑物质供应量,比三叠纪和早中侏罗世显著减弱。

具体而言,头屯河组下部为杂色泥岩夹砂砾岩,灰绿色、棕红色泥岩夹砂岩,与下伏地层之间呈侵蚀关系,地层厚度变化大,断裂带附近厚度变化大,反映断裂仍有生长活动,如克-夏主断裂上盘较薄,一般小于 100m,下盘较厚(100～250m)。

头屯河组上部为一套紫红、褐红色砂岩、泥岩互层,夹少量灰绿色、灰白色泥岩和砂岩,底部具底砾岩,与下伏地层呈不整合接触,其上为白垩系吐谷鲁组。全组地层平均厚200m 左右,最大 577m(九区 286 井)。车排子断裂以西地区全被剥蚀,夏子街断裂以北地区部分被剥蚀。厚度最大处位于克乌断裂带附近,上盘厚度较小(100～200m),下盘厚度较大(300～400m)。

头屯河期代表了西北缘冲断体系一个小的活动时期。虽然构造活动并不像二叠纪时期那样强烈,但所造成的影响却无比深刻。它将二叠纪末期—三叠纪期间聚集的烃类进行改造,石油向上逸散,或形成稠油沥青封堵(杜社宽,2007)。

2.3　生储盖组合

如图 2-3,准噶尔盆地西北缘环玛湖地区有五套区域性的盖层,分别是白垩系吐谷鲁群(K_1tg)、侏罗系三工河组 3 段(J_1s_3)、三叠系白碱滩组(T_3b)、二叠系夏子街组(P_2x)和二叠系佳木河组(P_1j),岩性均是厚层泥岩(王绪龙等,2000)。正因为这五套盖层的存在,将整个准噶尔盆地环玛湖地区自石炭系到白垩系分为三套生储盖组合。其中白垩系下部储层、侏罗系上部储层与上覆 K_1tg 区域性厚层泥岩形成的储盖组合,目前在风城地区发现的油砂矿分布在此储盖组合中(黄文华等,2014);J_1b 砂岩储层与 J_1s 厚层区域厚层泥岩形成的储盖组合,目前发现油气主要分布在车拐地区与夏子街地区。这两个组合属于油气成藏的上组合。油气成藏中组合是指 T_2k、T_1b 储层与上覆 T_3b 厚层泥岩形成的储盖组合,油气主要分布在玛北及夏子街地区。油气成藏下组合是指石炭系—二叠系,P_2w 以碎屑岩储层为主,P_1f 以云质岩储层为主,多为自生自储,且油气主要来自于风城组烃源岩;P_1j、C 储层与上覆 P_1j 厚层泥岩的储盖组合,油气主要分布于玛湖凹陷西侧的断裂带上。

玛湖凹陷风城组碱湖沉积特征与发育模式

玛湖凹陷研究区的碱湖沉积主要发育于下二叠统风城组,在二段时期达到高峰(强成碱),整个风城组构成了一个完整的碱湖沉积旋回,本章介绍碱湖沉积特征,建立碱湖发育模式。

3.1 玛湖凹陷风城组古碱湖沉积背景

玛湖凹陷风城组的古碱湖沉积背景包括古地貌、古气候、沉积水体古盐度、古温度和古水深等内容,这是查明碱湖沉积特征、建立发育模式的基础。

3.1.1 盆地类型与古地貌

盆地类型、地层厚度、火山作用特征及古构造作用等可大致反映沉积盆地的基本地貌特征或影响古地貌特征的演化。如图 3-1,风城组总沉积厚度 800～1800m,总体表现为

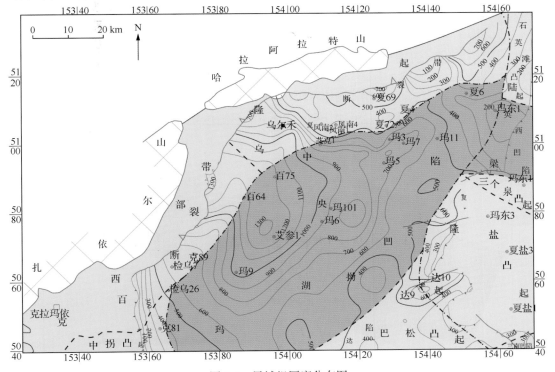

图 3-1 风城组厚度分布图

西厚东薄的楔状分布,沉积时的地貌特征可能为西厚、东薄、西陡、东缓的不对称箕状凹陷。尽管对风城组沉积时的盆地类型还有一些不同看法,但基于基本地貌格局与风城组地层厚度所反映的地貌特征,主流认识为前陆盆地(图 3-2)。前陆盆地层序及其建造特征主要受幕式逆冲挠曲构造运动的控制,玛湖凹陷可能存在三种同沉积构造坡折:逆冲断裂挠曲坡折、逆断裂坡折和隐伏断裂挠曲坡折,发育多级同沉积逆冲断裂挠曲坡折带和逆断裂坡折带,构造坡折对沉积体系的控制同地貌坡折类似(冯有良等,2013)。在风城组沉积的早期,风城组存在数个火山群(图 3-3),从喷发特征看,主要为爆发式喷发形成的层状火山,表现为在玛湖凹陷分布数个火山高地。

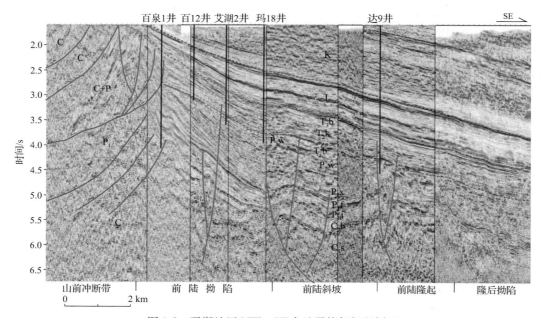

图 3-2 玛湖地区 NW—SE 向地震格架解释剖面

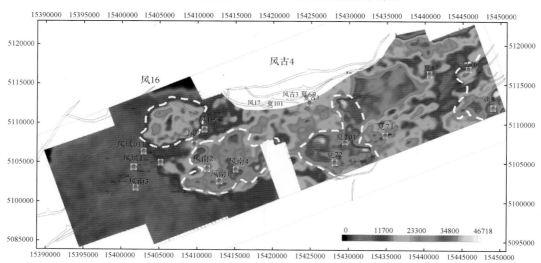

图 3-3 风城组一段火山群在分频均方根振幅图上的反映(60ms 时窗,40Hz)

总体来说,风城组的古地貌特征为西陡、东缓的不对称箕状凹陷,东西分带,南北分段,为闭塞型湖泊,主要的地貌单元为:中央凹陷、火山高地、构造坡折、中央拗陷西部的相对陡斜坡、东部的宽缓斜坡及大小不等的湖湾。

3.1.2　古气候

盐湖沉积由淡水湖→咸水湖演变而来,是特定自然地理和地质环境的产物,在其发展的各个阶段都详尽地保存着周围环境变化的信息,包括一般湖沼相所缺乏的咸化阶段的宝贵资料,因而具有湖泊环境变化记录的全息性,对古气候和古环境变化均有灵敏的记录(郑绵平等,1998)。

对于玛湖凹陷研究区风城组沉积时期的古气候,植物化石是重要的依据之一。从古植物特征看,玛湖凹陷风城组的孢粉组合为具肋双气囊花粉和肋纹花粉(詹家祯和甘振波,1998),这些花粉的母体植物适应于比较干旱炎热的环境(詹家祯等,2007),由此可见风城组可能为干旱炎热环境的产物。

图 3-4 是风城组自生碳酸盐沉积物中 $\delta^{13}C_{PDB}$ 和 $\delta^{18}O_{PDB}$ 的相关关系图,图中显示 $\delta^{13}C_{PDB}$ 基本为正值,$\delta^{18}O_{PDB}$ 正负均有,其投点大多在第 Ⅰ、Ⅱ 象限,这种特点与现今世界最大的碱湖纳特龙-马加迪湖和著名的美国大盐湖的分布区域一致,表明风城组沉积的气候环境与东非的纳特龙-马加迪湖具有相近的气候环境。

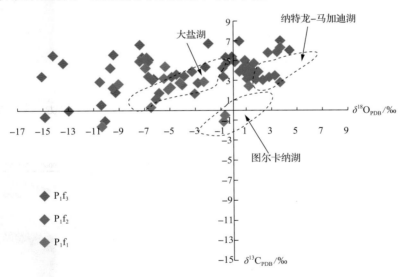

图 3-4　风城组自生碳酸盐沉积物碳氧同位素分布图

风城组发现典型碱性矿物的层段为风城组二段,碱矿物层常与暗色泥岩及暗色云质泥岩组成厚度不等的韵律,与在相对干旱时期形成的含碱层相对应,暗色泥岩和深灰色云质泥岩形成于相对湿润的时期,风城组一段下部和风城组三段上部也是气候相对湿润时期的沉积产物。风城组沉积组合特征表明,古气候可能是在以干旱为主的前提下伴随有交替出现的相对湿润气候,矿物的特征也反映了当时气温较高的古气候特征。

3.1.3 古盐度

盐度是指沉积介质中所有可溶盐的质量分数,是指示地质历史时期中沉积环境变化的一个重要标志,通过微量元素和岩石矿物分析玛湖凹陷风城组的古盐度特征。

1. Sr 元素含量

沉积物中的 Sr 元素含量可指示沉积水体的盐度,通常认为古代白云岩中的 Sr 元素含量一般不超过 200×10^{-6},如埋藏白云岩的 Sr 含量为 $60 \times 10^{-6} \sim 170 \times 10^{-6}$,混合带白云岩的 Sr 含量通常为 $70 \times 10^{-6} \sim 250 \times 10^{-6}$,但与蒸发岩关的超盐水白云岩 Sr 含量较高,可达 550×10^{-6}(Land,1985)。风城组云质岩类中 Sr 含量较高(平均 447ppm[①]),说明形成环境可能以咸水为主,与咸水湖环境(蒸发盐)沉积有关(史基安等,2013)。

2. B 元素含量

大量研究表明,黏土中的 B 元素含量可以指示其形成时水介质的古水体盐度。玛湖凹陷风城组泥岩中的 B 含量为 $43 \times 10^{-6} \sim 325 \times 10^{-6}$,平均为 220×10^{-6},远大于一般海相泥岩的 B 含量 100×10^{-6}。此外,由于风城组岩石中的黏土矿物含量很低,而 B 元素主要被黏土矿物吸附,所以风城组沉积时的古水体盐度可能比 B 含量所反映的盐度还要高。

风城组 B 含量较高的另一个表现是自生碱性蒸发岩矿物硅硼钠石的普遍出现,硅硼钠石是风城组的常见自生矿物,特别在风城组二段,显示当时湖水中具有很高的 B 含量,且主要以硅硼钠石自生矿物的形式存在,指示高盐度水介质特征。

3. 微量元素比值

沉积物中的一些微量元素比值可以反映沉积水体盐度特征,如当 Sr/Ba>1、B/Ga>7、Th/U<2 时,稀土元素 $\delta Ce<1$ 反映咸水(相当海水或咸度更高)和还原沉积环境(表 3-1)。

表 3-1 风城组微量元素比值

井号	深度/m	层位	岩性	Sr/Ba	B/Ga	Th/U	δCe
风 20	3152.4	P_1f_3	沉凝灰岩	4.3	22	0.42	1.06
风 23	3443.3	P_1f_3	沉凝灰岩	2.52	12.91	1.16	0.92
风南 4	4228.1	P_1f_3	沉凝灰岩	1.87	17.69	1.68	0.97
乌 353	3120.2	P_1f_3	沉凝灰岩	1.4	20.82	0.8	0.96
风南 2	4102.5	P_1f_2	沉凝灰岩	7.79	76	0.99	0.98
风南 3	4125.2	P_1f_2	沉凝灰岩	3.77	170.72	2.07	0.99
乌 351	3302.5	P_1f_2	沉凝灰岩	1.13	11.15	1.07	0.99
风城 011	3861.6	P_1f_1	沉凝灰岩	3.03	108.38	1.36	0.94
风城 1	4274.6	P_1f_1	沉凝灰岩	1.11	33.27	0.97	0.93
平均				2.99	52.55	1.17	0.97

---

① 1ppm＝10^{-6}。

为风城组部分探井微量元素比值,其中 Sr/Ba 比值均大于 1,平均值为 2.99;B/Ga 远大于 7,平均值为 52.55;Th/U 比值除一个数据大于 2 外,其他数据均小于 2,平均 1.17;δCe 除一个值大于 1 外,其他值均小于 1,平均 0.97。据此,表明风城组的沉积环境为主要为咸水沉积,并大致在风二段沉积时期盐度达到最高。

4. 碳酸盐岩碳氧稳定同位素

研究表明,δ^{13}C 的交换作用微弱,自寒武纪以来没有显著变化。因此,可用来鉴定沉积环境的古盐度,而 δ^{18}O 与成岩环境有关,成岩作用越强,其值越低,在从老到新的岩石中依次增大,实际上 δ^{18}O 值并不一定随着岩石的由老到新而增大,其变化取决于沉积环境及成岩过程中同位素的交换作用,仅对 δ^{18}O 值的影响起次要作用。因此,用其判断古盐度比较可行。

据 Degens 和 Epstein(1984)资料,淡水碳酸盐沉积的 δ^{13}C 值多介于 $-15‰\sim-5‰$,海相石灰岩中产 δ^{13}C 值则介于 $-5‰\sim5‰$。根据风城组 79 个碳酸盐岩样品的统计,δ^{13}C 值为 $-1.6‰\sim7.1‰$,显示其沉积水介质以咸水为主。

Keith 和 Weber(1964)通过对数百个侏罗纪以来沉积的海相灰岩和淡水灰岩的同位素测定结果的分析,提出了一个同位素系数 Z 的经验公式:$Z=2.048\times(\delta^{13}C+50)+0.498\times(\delta^{18}O+50)$,其中 δ^{13}C 和 δ^{18}O 均为 PDB 标准,并认为同位素系数大于 120 时为海相灰岩,小于 120 时为淡水灰岩(湖相碳酸岩)。对风城组 79 个碳酸盐岩样品的计算表明,所有样品的 Z 值均介于 $120\sim144.98$,平均值 134.35。其中风城组一段 Z 值均介于 $120.14\sim135.17$,平均值为 130.23;风城组二段 Z 值均介于 $128.01\sim143.54$,平均值为 135.69;风城组三段 Z 值均介于 $120\sim144.98$,平均值为 134.08。据此,推断风城组主要为咸水沉积,并且风城组二段的盐度大于风城组三段和风城组一段,反映风二段为碱湖发育的高峰。

5. 自生蒸发岩矿物

风城组发育丰富的蒸发岩矿物,主要发育在风城组二段,而风城组三段的下部和风城组一段的上部也有少量分布,平面上在凹陷的中心地带发育面积大约为 $300km^2$、厚达数百米的含碱层段,蒸发岩矿物的存在有力地说明了风城组为盐湖沉积,沉积水介质的盐度很高。

3.1.4 古水温

古水体温度是沉积水体特征的一个重要参数,一般用矿物包裹体、特征矿物相似环境对比等方法来进行研究。在碱性盐湖沉积中,有些自生矿物具有特定结晶温度,是研究湖盆沉积水体温度的良好指示。碱类矿物的沉积,主要受温度和 CO_2 分压(溶解在溶液中的 CO_2 产生的压力)控制。天然碱矿物是在溶液中 CO_2 分压和大气中 CO_2 分压大致相等的条件下,温度高于 20℃ 时形成的;泡碱的形成温度一般低于 20℃;水碱易在高温和 CO_2 分压较低的条件下形成;碳酸氢钠是快速蒸发条件下的结晶矿物(Eugster,1980),其形成条件是 CO_2 分压一般要高于大气的 10 倍。

玛湖凹陷风城组含碱层段发育的碳氢钠石和碳钠镁石(图 3-5)就是典型的高温矿物。碳氢钠石($Na_2CO_3 \cdot 3NaHCO_3$)是一种无水碱金属碳酸盐矿物,比天然碱和重碳钠盐更易溶于水,最初被发现于美国的绿河盆地,1987 年,在河南省泌阳凹陷首次发现(杨清堂,1987)。这类矿物的晶体呈板状,无色透明,主要产在重碳钠盐组成的碱矿层中,反映二者形成条件类似。

(a) 碳氢钠石,风南5井,$P_1f_2^2$ (b) 碳钠镁石,风26井,$P_1f_2^2$

图 3-5　碳氢钠石和碳钠镁石特征

郑绵平等(1998)在第四纪盐湖沉积与古气候的研究中,通过国内第四纪盐湖沉积的考察及盐湖长期科学观察站的实验研究,并结合国内外大量盐湖沉积实验研究资料,把对气温敏感的盐类矿物划分为 3 种类型:冷相、暖相及广温相盐类矿物(表 3-2)。在古气候类型的指相盐类矿物中,与碱性蒸发岩矿物有关的典型暖相和偏暖相天然碱层,形成于亚热带至热带和赤道半干旱或干旱区及其他干热区。1 月平均气温 10~25℃(典型暖相,暖冬区达 32 ℃),或 0℃以上(偏暖相);7 月平均温度一般 20~30℃(冷夏区 15℃),年均温度 16~25℃(典型暖相)或 16℃以下(偏暖相)。过渡性盐类矿物沉积层如鄂尔多斯高原盐湖以广温相天然碱沉积为主,含少量冷相和暖相矿物,反映区域温差较大。该沉积产于暖温带至中温带,1 月均温−12~−8℃(冬季−8~−6℃),7 月均温 22~24℃(夏季均温 20~22℃),年均温 6~8℃。

从风城组的蒸发岩矿物组成来说,主要为暖相和广温相矿物,基本不含冷相盐类矿物。综上所述,风城组沉积时的水体温度可能比较高,相当于暖相-偏暖相环境,这与史基安等(2013)根据碳氧稳定同位素计算的云质岩形成温度(平均温度为 25℃,大部分在20℃以下)接近。

3.1.5　古水深

玛湖凹陷风城组主要为暗色细粒沉积,在不少层段常见水平纹层构造,为白云质泥岩,岩石中常见细粒星点状黄铁矿分布,因此依据传统认识,可以认为是深湖相停滞静水沉积,但实际情况可能并不完全如此。暗色细粒沉积通常指示相对静止的水体和还原环境,跟水深并没有必然联系。根据地质学的"将今论古",绝大部分现代碱湖为浅湖,即使

表 3-2 冷、暖相与广温相盐类矿物简表(郑绵平等,1998)

化合物类型	溶解度	冷相盐类矿物	暖相盐类矿物	广温相相盐类矿物
碳酸盐	小 ↓ 大	水菱镁矿 $[4MgCO_3 \cdot Mg(OH)_2 \cdot 4H_2O]$	钙水碱$[Na_2Ca(CO_3)_2]$ 碳钠镁石$[Na_2Mg(CO_3)_2]$ 扎布耶石$[Li_2CO_3]$ 碳氢钠石$[Na_2CO_3 \cdot 3NaHCO_3]$ 水碱$[Na_2CO_3 \cdot H_2O]$ 泡碱$[Na_2CO_3 \cdot 10H_2O]$	方解石$[CaCO_3]$ 白云石$[MgCO_3 \cdot CaCO_3]$ 菱镁矿$[MgCO_3]$ 单斜钠钙石$[CaCO_3 \cdot Na_2CO_3 \cdot 5H_2O]$ 氯碳钠镁石$[MgCO_3 \cdot Na_2CO_3 \cdot NaCl]$ 杂芒硝$[2MgCO_3 \cdot 2Na_2CO_3 \cdot NaSO_4]$ 苏打石$[NaHCO_3]$ 天然碱$[Na_2CO_3 \cdot NaHCO_3 \cdot 2H_2O]$

在洪水期,水深一般也仅数米(杨清堂,1996)。据此,能形成风城组暗色细粒沉积物甚至烃源岩的环境并不一定都是深水,证据有 5 点。

(1)火山群分布区为地貌高地,沉积水体可能相对较浅。

在风城组一段沉积时期发育数个火山群,火山岩岩相以爆发相为主,溢流相分布局限,且为喷发与溢流之间过渡性的喷溢相,尤其是爆发相中占优势的热碎屑流亚相是火山喷发的重要特征,主要岩石类型为熔结凝灰岩,发育在紧邻玛湖凹陷北东翼的乌尔禾—夏子街地区。熔结凝灰岩大部分为水上沉积,所以在火山群分布区(乌尔禾—夏子街)及其周缘(玛湖凹陷)是深水沉积的可能性不大。

(2)相对粗碎屑岩分布层段或区域一般不会为深水沉积。

除玛湖凹陷西部边缘外,其他地区常见砂岩或砂砾岩分布,如风南 1 井—风南 4 井一带的风城组一段和风城组三段主体为泥岩,夹有不等粒砂岩;艾克 1 井风城组三段为泥岩夹含砾砂岩;艾克 1 井风城组二段见角砾岩,角砾主要为含碳钠钙石白云质泥岩。这些相对粗碎屑岩的大量发现指示区域不是深水沉积。

(3)蒸发岩发育层段可能为浅水沉积。

风城组二段、风城组一段的顶部和风城组三段的底部,发育有大量碱性蒸发岩,岩层厚度变化较大,从几毫米至几米,一般层厚数厘米,与深灰色富含星点状黄铁矿的含白云石泥岩、白云质凝灰岩、白云质粉砂岩、粉砂质泥岩等互层,呈韵律出现。盐类矿物结晶粗大,为浅水快速结晶产物(图3-6)。

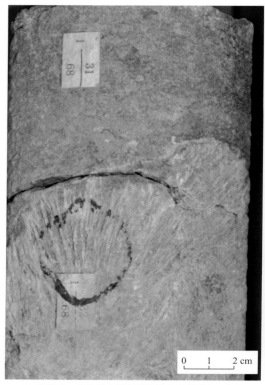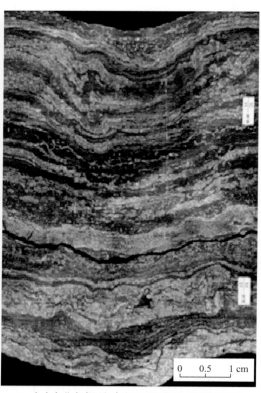

(a) 天然碱,尖头朝上紧密联结的玫瑰花形态,与上覆的含白云石泥岩和碳钠钙石质泥岩呈突变接触,风南5井,$P_1f_2^2$

(b) 灰白色蒸发岩层与含白云石泥岩和碳钠钙石质泥岩不等厚互层,层厚0.1~1.0cm,呈厚度不等的韵律,岩层具波状构造,风城011井,$P_1f_2^2$

图3-6 玛湖凹陷风城组中的蒸发岩

（4）频繁出现的鸟眼构造一般不是深水沉积。

鸟眼构造是浅水沉积的指征性沉积构造(薛耀松等,1984)。玛湖凹陷风城组二段及相对盐度较高的层段,大量发育鸟眼构造,其类型很多,有孤立型、蠕虫状、条纹状和不规则状等类型,其中,以孤立型和蠕虫状相对发育(图3-7)。对于孤立类型鸟眼构造,一般认为是由沉积物中有机质分解产生的气体聚集而成;而蠕虫状鸟眼构造是干燥成因的一种水平收缩孔,一般发生在横向结合力强、垂向结合力弱的沉积物中,两者都反映了浅水的沉积环境(薛耀松等,1984)。此外,在不同的相区和层段,鸟眼构造的充填物不同,主要有碳钠钙石、硅硼钠石、白云石或方解石等,也反映了浅水的流体成岩环境。

（5）微生物诱发沉积构造通常不是深水沉积。

微生物成因构造是由微生物作用导致的原生沉积构造,一般形成于海相环境中的潮间带和潮上带,或者湖相环境中的浅水带(Noffke et al.,2001,2008;史晓颖等,2008)。微生物成因构造在风城组普遍发育,如风南5井和风南3井风城组二段含碱层段的夹层,常与鸟眼构造伴生(图3-8),反映为浅水沉积。

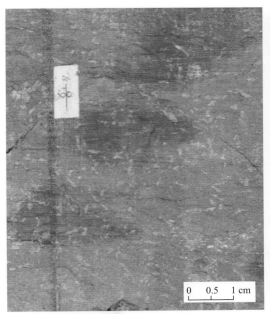 

(a) 白云质泥岩中的鸟眼状构造，为孤立类型，被白云石充填，风南1井，$P_1f_2^2$　　(b) 白云质泥岩中的呈蠕虫状和脉状鸟眼构造，被碳钠钙石充填，风南5井，$P_1f_2^2$

图 3-7　玛湖凹陷风城组中的鸟眼构造

(a) 含白云石碳钠钙石质泥岩，由被碳钠钙石充填形成的纺锤状脱水痕，风南5井，$P_1f_2^2$　　(b) 含白云石泥岩，似网状脱水痕，风南3井，$P_1f_2^2$　　(c) 含白云石泥岩，枝状脱水痕，风南3井，$P_1f_2^2$

图 3-8　玛湖凹陷风城组微生物诱发沉积构造

3.2　风城组碱湖沉积主要岩石类型与特征

玛湖凹陷风城组除凹陷西部边缘的部分粗碎屑沉积外，大部分岩石粒度较细，一般为粉砂级以下，颜色以深灰色-灰黑色为主，属于典型的湖相暗色细粒沉积（秦志军等，2016）。但风城组的暗色细粒岩石还有许多独特的特点，比如一般认为是泥岩的岩石中黏土矿物含量低,而长英质矿物含量、特别是长石的含量较高;细粒沉积物中页理不发育,岩石密度大,以块状构造为主,即使发育纹层状构造,其劈开性也很差;岩石中的自生碳酸盐类矿物含量较高,特别是有不同类型和期次的白云石,因此被不少学者称为"云质岩"(冯有良等,2011;陈磊等,2012;朱世发等,2014);岩石中夹不少碱性蒸发岩矿物;风城组为陆相湖泊沉积,但沉积物^{87}Sr/^{86}Sr 值又比一般陆相湖泊低,也不同于同期海水,且变化较大。这些均说明风城组岩石类型的独特性。

但是由于风城组岩石粒度细,所以岩性鉴定较困难,造成对风城组的岩性总体特征认识有许多争论。有人认为风城组以火山碎屑岩和沉火山碎屑岩为主,特征是碎屑成分中长英质含量很高,石英占比很低,同时黏土矿物含量很低(曹剑等,2015;秦志军等,2016);也有人认为岩石中的火山碎屑成分很低,主要依据是可识别的典型玻屑、浆屑较少,火山岩和火山碎屑沉积岩类在风城组沉积中不占重要地位(鲜继渝,1985;蒋宜勤等,2012;朱世发等,2014)。

本次研究发现,风城组岩石类型构成很复杂,表现为陆源碎屑岩类、火山岩类(含火山碎屑岩类)和内源自生以碳酸盐岩类和蒸发盐岩类沉积为主的岩石。大部分岩石,特别是争议比较大的岩石,实际是上述三大端元岩类或组分以不同的比例混积而成,是风城组特殊沉积环境的产物,可称为"混积岩"。

3.2.1 主要岩石类型及其基本特征

1. 陆源碎屑岩类

陆源碎屑岩是风城组最为发育的岩类之一,主要有砂砾岩、砂岩和粉砂岩、泥岩(图 3-9)。较粗粒的砂砾岩类主要分布于凹陷的西部边缘(百口泉区、五—八区等),以扇三角洲相沉积为主,主要是岩屑砂砾岩[图 3-9(a)、图 3-9(b)、图 3-9(c)],岩屑成分以火山岩为主(表 3-3),其他成分含量较低,表明风城组碎屑颗粒的源区主要以火山岩为主。砂岩类岩石、粉砂岩类岩石常常呈现灰色、深灰色、灰绿色及绿灰色,反映为还原环境。岩石中泥质杂基含量较少,常见到硅质、钙质胶结物,发育波状层理、交错层理。

砂岩类主要为岩屑砂岩,除在西部边缘与砂砾岩互层出现外,其他地区在风城组一段和风城组三段分布相对多,碎屑成分也以火山岩和火山碎屑岩为主[图 3-9(d),图 3-9(e)],但颗粒中长石的成分逐渐增多。

相比而言,细粒的粉砂-泥质岩类[图 3-9(f)]含量最多、分布最广,是风城组的最主要岩石类型之一。岩石中含数量不等的凝灰质成分,特别是玛湖斜坡的东部(玛东)和北部(风城—夏子街区)。大部分细粒级的岩石也含有数量不等、类型和成因不同的白云石,构成含云或云质岩类岩石,岩石中的碎屑颗粒多以不同类型的长石出现,黏土矿物的含量较低,可能是由火山岩类经物理风化为主形成。由于此类岩石数量多、分布广,常常被作为风城组的代表性岩石,主要包括含云或白云质粉砂岩、含云或白云质泥岩、云化沉凝灰岩等,有的云质岩类岩石中含有一定量的盐类矿物。

(a) 百泉1，P_1f_2，砂砾岩，岩屑为火山岩

(b) 百泉1，P_1f_2，岩屑砂砾岩，岩屑为火山岩

(c) 风南4，$P_1f_1^1$，粉细砂岩夹砂砾岩薄层

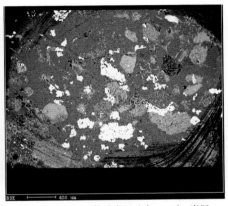

(d) 风南1，不等粒岩屑砂岩，$P_1f_1^1$，岩屑为火山岩

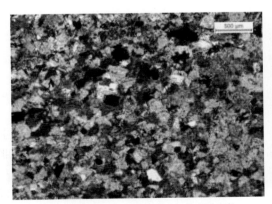

(e) 风南4，4582.7m，凝灰质粉-细粒岩屑砂岩

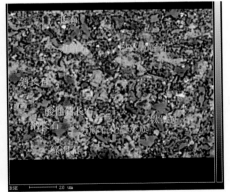

(f) 风南3，$P_1f_3^1$，3870.43m，深灰色含粉砂质泥岩

图 3-9　风城组陆源碎屑岩特征

表 3-3　风城组砾石成分及含量统计表

井号及层位	岩石名称	砾石含量/%	火山碎屑岩及熔岩		其他陆屑	
			含量/%	砾石占比/%	含量/%	砾石占比/%
艾克1($P_1f_3^1$)	砾岩	90	87	96.7	3	3.3
	含砾中粒岩屑砂岩	22	17	77.3	5	22.7
	砾质不等粒岩屑砂岩	25	25	100		
	砂砾岩	51	51	100		
百泉1($P_1f_3^3$)	砂砾岩	67	42	62.7	25	37.3
	砂质砾岩	75	65	86.7	10	13.3
百泉1($P_1f_2^1$)	砂质砾岩	65	65	100		
	含碳酸盐砂砾岩	60	60	100		
	含碳酸盐砂砾岩	58	58	100		
	含云质砂砾岩	50	50	100		
百泉1($P_1f_2^2$)	砂砾岩	60	50	83.3	10	16.7
风南1($P_1f_1^1$)	砾状不等粒岩屑砂岩	25	22	88	3	12
	砂砾岩	46	46	100		
风南3($P_1f_2^2$)	云质砾岩	57	20	35.09	37	64.9
风南4($P_1f_1^2$)	砂砾岩	35	35	100		
平均		52.4	46.2	88.6	13.3	24.3

2. 火山岩类

火山岩是风城组重要的岩石类型之一,平面上主要分布于凹陷斜坡的东部和东北部,北部分布量少,垂向以风城组一段最为发育。在玛湖凹陷西斜坡,至少发育多个火山群(图 3-3)。火山岩相类型多样,不同产区有一定差异,克-百地区火山岩以溢流相和爆发相共同发育为特征,并以溢流相为主,爆发相为辅。溢流相多为上部和中部亚相,爆发相多见喷射降落成因的凝灰岩而少见弹射坠落成因的火山角砾、火山弹。相比而言,乌-夏地区火山岩以爆发相为绝对主体,以爆发相为主,溢流相为辅,溢流相分布局限,且为喷发与溢流之间过渡性的喷溢相,尤其是爆发相中占优势的热碎屑流亚相成为乌-夏地区火山喷发的重要特征(鲜本忠等,2013)。

风城组大部分属于碱性-偏碱性系列火山岩类,玛湖西斜坡以厚度不稳定的流纹质熔结火山碎屑岩及火山碎屑熔岩为主,岩石类型较为复杂,颜色以灰色、深灰色至灰黑色为主。主要岩石类型包括中酸性凝灰岩-沉凝灰岩、粗面质沉凝灰岩、熔结角砾凝灰岩及安山岩等(图 3-10)。近火山口相的灰色流纹质弱熔结角砾凝灰岩由霏细岩岩屑、凝灰岩角砾、塑性浆屑、火山灰球、塑变玻屑及火山灰熔结而成,霏细岩岩屑的粒径多大于 2mm,呈角砾状。岩心表面可见由大小不等浆屑构成的透镜状、长条状火焰体,火焰体呈似角砾状,长可达 20～40mm,具定向排列,其内部均已发生脱玻化,形成霏细状长英质矿物集合体。该岩类向上气孔逐渐发育,含量 30%～35%,气孔大小不等,外形不规则,最大孔

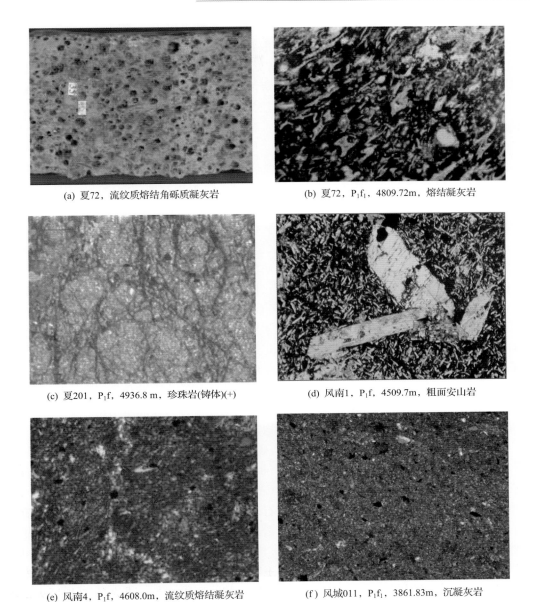

(a) 夏72，流纹质熔结角砾质凝灰岩　　　　　　(b) 夏72，P_1f_1，4809.72m，熔结凝灰岩

(c) 夏201，P_1f，4936.8 m，珍珠岩(铸体)(+)　　　(d) 风南1，P_1f，4509.7m，粗面安山岩

(e) 风南4，P_1f，4608.0m，流纹质熔结凝灰岩　　　(f) 风城011，P_1f_1，3861.83m，沉凝灰岩

图 3-10　风城组部分火山岩石特征

径可达 20mm，最小为针孔，孔洞中被硅质、白云石及黄铁矿颗粒充填或半充填，硅质常沿洞壁呈马牙状生长。远火山口相，多为沉积凝灰岩、深灰-灰黑色的火山灰及火山尘 [图 3-10(e)、图 3-10(f)]，常与白云石及富含有机质的黏土混生(有时就是凝灰岩、火山尘凝灰岩、白云石与富含有机质的泥岩组成韵律层)而形成一种特殊的岩石类型，即火山碎屑岩与正常沉积岩之间的过渡岩石类型。其中火山灰、火山尘主要由火山岩屑、长石为主的晶屑和玻屑组成，长英质的岩屑、晶屑和玻屑(以及暗色矿物)最易发生蒙脱石化、绿泥石化、沸石化、方解石化及次生钠长石化等一系列的蚀变作用，特别是新生黏土矿物，有

利于有机质富集和保存。已见玻屑多已脱玻蚀变。常见火山岩屑被白云石交代现象,交代形成的白云石一般自形程度较高,多呈分散状产出,当其含量高时可称凝灰质白云岩。除此而外,远火山口相的部分井区,岩石中常见纹层和条带状燧石、硅硼钠石产出,莓状黄铁矿呈星状分布。因此,岩石毫米级和厘米级韵律层十分发育,构成水平薄层和水平纹层状构造,岩心上微型正断层和不规则拉张缝较为发育,反映出了水体安静、沉降速度和沉积速率快的特征。

3. 内源沉积岩类

内源沉积岩亦称内生沉积岩,其主要物质直接来自沉积盆地的溶液或沉积场所的溶液,由溶液中的溶解物质通过化学或生物化学作用沉淀而来;这些溶解物质就其前期历史来说可能来自陆壳的化学风化,也可能来自火山活动或地下热液;内源沉积岩的主要矿物成分种类很多,常见的有铝的氢氧化物(三水铝石、一水硬铝石、一水软铝石等)、铁的氢氧化物和氧化物(针铁矿、硬锰矿、水锰矿等)、磷酸盐矿物(胶磷矿、磷灰石等)、氧化硅矿物(蛋白石、玉髓、石英等)、碳酸盐矿物(方解石、白云石等)、硫酸盐类矿物(石膏、硬石膏、天青石、重晶石等)、卤化物(石盐、钾石盐、光卤石等)和有机质等(朱筱敏,1982)。这些矿物种类虽然多,但它们主要通过化学或生物化学作用从溶液中沉淀出来,故其形成时主要受物理、化学、生物化学条件的支配,所以在一定条件下,一般只有一种矿物沉淀,生成一种岩石,每种内源沉积岩中主要矿物成分和化学成分都比较简单(朱筱敏,1982)。内源沉积岩类一般具有特定的沉积结构,如晶粒结构主要由化学沉淀或重结晶作用形成,这种结构与岩浆岩的结构类似,结构要素也基本相同。按其结晶可分为非晶质结构、隐晶质结构和显晶质结构,其他类型的结构有生物骨架结构、粒屑结构和胶带残余结构等。

玛湖凹陷风城组的内源自生矿物主要有碳酸盐类矿物(方解石、白云石、碳酸钠钙石等)、氧化硅矿物(蛋白石、玉髓、石英等)和有机质,少量硫化物(黄铁矿等)、硅酸盐(自生钠长石、沸石和黏土类矿物等),偶见卤化物(石盐等)、硫酸盐类矿物(石膏等)。其中,最典型的是蒸发岩类,主要岩石类型为碳钠钙石岩、碳酸钠石(天然碱)、苏打石岩和硅硼钠石岩,少量的白云岩、泥质白云岩、凝灰质白云岩、灰质云岩和灰岩。总体而言,内生矿物虽然较为发育,但除蒸发岩类相对较发育外,其他种类单独成岩较少。

碳钠钙石岩和苏打石岩[图 3-11(a)、图 3-11(b)]为灰白色、浅灰色或灰色,从薄层至厚层,主要由碳钠钙石组成,一般含少量硅硼钠石、氯碳钠镁石[图 3-11(c)]。岩层较厚的岩石一般结晶粗大,粗晶结构、块状构造[图 3-11(a)、图 3-11(b)]。有的岩石与云质岩类或火山碎屑沉积岩不等厚互层出现,大颗粒的苏打石或碳钠钙石矿物中常包裹方解石、白云石或长石类矿物[图 3-11(c)],显示为较晚结晶产物。

碳酸钠石(天然碱)颜色与碳钠钙石岩相近,晶体粗大至巨大,集合体呈交叉的板柱状,硬度低,滴稀盐酸剧烈起泡。天然碱矿物在薄片中无色,呈柱状、板状或纤维状晶形,负低突起,具高级白干涉色。碳酸钠石产于顶、底板为灰黑色云质泥岩中,代表静止-滞流卤水池中韵律性快速生长堆积的产物(郑大中和郑若锋,2002)。

(a) 风南5井，风城组二段，苏打石(NaHCO₃)

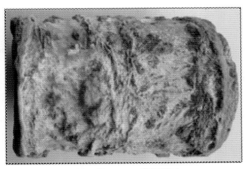

(b) 风20井，P₁f₂，碳钠钙石

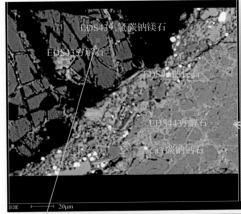

(c) 艾克1井，5664.9m，灰色碳钠钙石岩夹云质泥岩

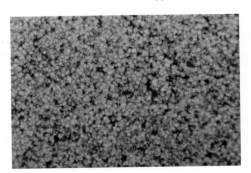

(d) 夏40井，4567.70m，P₁f，凝灰质粉晶灰岩(去云化)

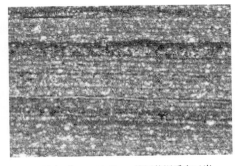

(e) 风南1井，4423.62m，纹层状泥质白云岩

图 3-11　风城组内源自生岩类特征

硅硼钠石($NaBSi_3O_8$)质岩颜色为灰色或浅灰色,在风城组中分布较普遍,但含量变化大,既可零星分布,也可高度富集成硅硼钠石岩,多数呈密集的条带状和透镜状夹于纹层状灰黑色-灰色云化凝灰岩中,条带宽1~20mm,局部呈互层状产出,或为呈稀疏的条带夹于含云泥岩中。

碳酸盐类岩石主要有泥粉晶白云岩、泥质白云岩、凝灰质白云岩及灰质云岩等。其中,泥质白云岩和凝灰质白云岩是风城组白云岩类的主要岩石类型,一般为灰、深灰色,白云石含量大于50%,晶粒大小多在0.1~0.25mm,和泥质混生或夹有凝灰质、粉砂质条带及硅质条带,并有微量有机质分布[图3-11(d)、图3-11(e)]。相比而言,纯白云岩不甚发育,不是主要的岩石类型,分布也不集中,一般在不同的地区和井段零星出现,这类白云岩的白云石含量通常在80%左右,晶粒在0.2~0.1mm,呈鱼子状或填嵌状,为准同生白云岩。

需要注意的是,就玛湖凹陷研究区风城组总体来说,典型的碳酸盐岩不甚发育,含量较少,岩层薄,常呈条带状、团块状或香肠状、透镜状分布,大部分的碳酸盐类岩石仅以夹层的或细纹层出现在其他岩石中。目前仅见一例颗粒碳酸盐岩报道,为风古3井153m处(上盘)见到的含砂屑团块鲕粒灰岩(鲜继渝,1985),据报道,其鲕粒一般为0.25~0.5mm,最大为0.5~0.7mm,最小为0.1mm,多为表鲕,少量为复鲕及0.1~0.2mm灰泥团块,结晶透明度差,鲕核常由中性长石组成,鲕粒含量为60%左右;砂屑粒径在0.1~0.25mm,成分主要为中性长石、石英,磨圆差,多为棱角状,含量10%左右;胶结物含量30%,其中方解石25%,泥质5%,为淀晶胶结。

碱类蒸发岩主要发育在凹陷的中心风城1—风南5—艾克1井一线以南,最大厚度超过200m,分布面积约300km²,可能是国内目前已知时代最古老的碳酸型盐湖(碱湖)产物。化学沉积的盐类矿物在纵横向上的分布具有明显的规律性:主要分布于凹陷中心区的风城组一段上部和风城组二段,个别地区的风城组三段下部也有少量出现。

4. 混积岩类

在玛湖凹陷,分布最广的其实不是上述的三类岩石,而是由以上三类端元岩石类型以不同方式和比例混合沉积形成的混积岩(图3-11~图3-14)。细粒岩石的岩矿分析数据表明,这种混积岩的矿物成分大致可分为四类:①与陆源碎屑有关的矿物成分,主要为长石、石英和黏土矿物等,长石的含量远高于石英;②与火山沉积作用有关的矿物成分,主要为斜长石、钾长石及石英晶屑等,少部分难以鉴定的微细火山颗粒如火山尘等;③与自生化学沉积相关的矿物,如碳酸钠钙石、硅硼钠石、苏打石、氯碳钠镁石等盐类矿物,方解石、云石等碳酸盐类矿物和沸石类(如方沸石)矿物;④成岩胶结或交代作用形成的相关矿物,包括(铁或含铁)方解石、(铁或含铁)白云石、沸石类(如方沸石、斜发沸石,浊沸石等)、石英、黄铁矿、菱铁矿、石膏及硬石膏等。

进一步分析发现,风城组的混积岩有两种类型,一种是上述不同源区的物质以不同的比例混合沉积,形成了所谓狭义上的混积岩,在风城组分布最广。如云质沉凝灰岩(图3-11、图3-12),其由火山碎屑和内源的白云石和方解石以不同比例混合沉积。其中,火山碎屑主要是棱角状的长石晶屑、脱玻化的凝灰岩屑、发生蚀变的闪石类矿物及少量的陆源碎屑如泥质等。再如含粉砂白云质泥岩,岩石主要由以陆屑为主的泥质成分、粉砂-泥级大小的长英质成分及内生的草莓状白云石、黄铁矿等组成(图 3-13、图 3-14)。而大部分所谓的云质岩,其岩石较致密、坚硬,常夹有多层硅质条带、砂质条带及凝灰质条带,具水平层理或微细层理,有的有缝合线构造,有的裂缝发育,大部分被白云石、方解石、硅质、片沸石及方沸石充填。硅质条带最厚处可达 6mm,最薄只有 0.2mm。来自陆源碎屑的泥质成分以伊利石和绿泥石为主,具有一致消光方位。另一种为火山尘脱玻化或蚀变而成的黏土矿物,多伴随凝灰质晶屑,这些岩石中的白云石好像镶嵌在泥质中,常和粉砂条带及凝灰质条带呈互层,粉砂成分主要是长石、石英、火山岩块和泥质粉砂团块。凝灰质条带呈灰黑色,晶屑为长石和石英(有时具尖角状或熔蚀边)。白云石含量变化较大,一般为 10%～30%,粒径变化很大,与白云石的成因类型有关,岩石中常含数量不等的方解石,有时含数量不等的沸石、自生钠长石及碳钠钙石和硅硼钠石等蒸发岩类矿物。

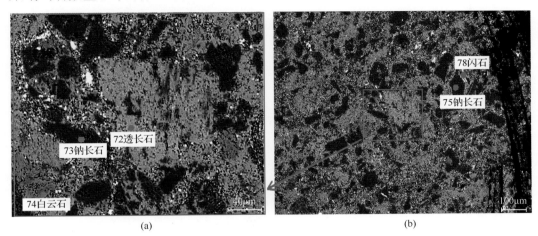

(a)   (b)

图 3-12　风城组以不同源区成分混合沉积形成的混积岩

风南 1 井,含云质沉凝灰岩,4155m,P_1f_3

　　另一种是陆源碎屑岩与碳酸盐岩岩层之间频繁交替形成的地层剖面上的互层和夹层现象,被认为是广义混合沉积的范畴(沙庆安,2001)。已有研究者将这种互层和夹层组合命名为“混积层系”(郭福生等,2003)。混积层系和混积岩一起构成了广义的混合沉积,在风城组这种混积层系较为发育,常见的是白云质泥岩或凝灰质泥岩与碳酸盐岩、碳钠钙石岩天然碱的互层(图 3-15)。

5. 讨论

　　以上分析表明,风城组岩性组成复杂。实际上,对风城组岩石类型的认识存在争议不仅仅是因为多数岩石为混积成因,更主要的是泥岩中的黏土矿物含量低,长英质矿物含量高,并且较细粒岩石中的岩屑大部分为火山岩屑或凝灰岩屑,由于粒度较细不易判定是飘落的凝灰质成分还是陆源碎屑。造成这种现象的主要原因是,在风城组沉积中确实存在大量飘落的细小火山碎屑,特别是在风城组一段,前已述及,玛湖凹陷乌-夏地区发育数个火山群,火山岩以爆发相为主,火山爆发形成的火山灰流可大面积分布,飘落的细小火山灰

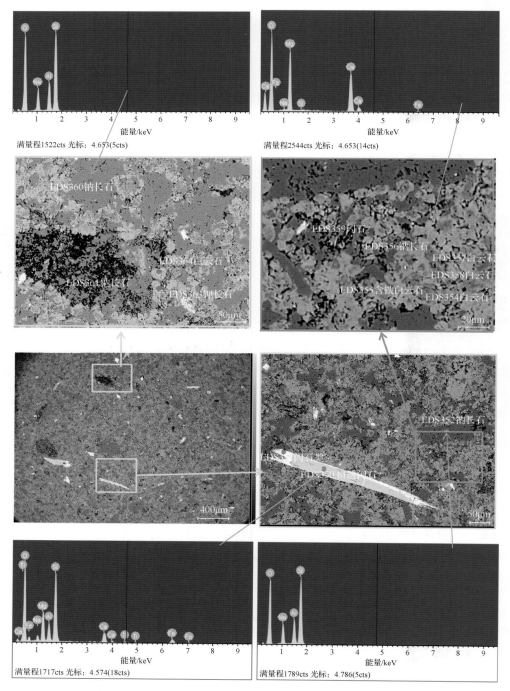

图 3-13　深灰色、含泥含粉砂云质沉凝灰岩（风南 3 井，3957.35m）

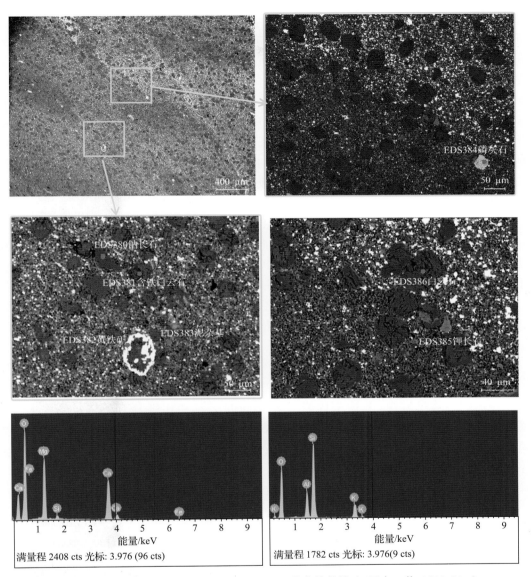

图 3-14　深灰色云质泥岩，含藻球粒白云石和草莓状黄铁矿（风南 1 井，4124.53m）

图 3-15　两种或两种以上岩石以纹层或不等厚互层方式出现的混积层系

分布面积更广,尽管目前在风城组二段和风城组三段尚未发现大规模的火山群,但零星的资料仍显示当时应存在火山喷发作用(蒋宜勤等,2012;鲜本忠等,2013),所以在岩石中发现凝灰质成分是正常的。另一方面,风城组沉积时的气候环境为半干旱、干旱环境(朱世发等,2013;秦志军等,2016),在干旱、半干旱的气候环境源区岩石风化以物理风化为主,加之玛湖凹陷沉积区离物源很近,坡降大,搬运距离近。而风城组物源区为火山岩分布区,玛湖风城组为碱湖沉积,通常在碱湖湖盆周缘一般为碱性的水土条件,不利于长石的化学风化(黏土化)(曹剑等,2015)。酸性斜长石和碱性长石在碱性水体中比较稳定,不易黏土化,偏基性斜长石在高 pH、富钠的沉积水体内以钠长石化为主,碱湖环境有利于白云石等碳酸盐类矿物的形成,有利于凝灰质成分的碳酸盐化,使得不同类型白云石和方解石的共存于细粒岩石中(冯有良等,2011;朱世发等,2013)。因此风城组从源区岩石的风化、沉积及后生成岩过程均不利于黏土矿物的形成(曹剑等,2015;秦志军等,2016),陆源碎屑也是火山岩石物理风化产物,所以风城组的暗色细粒岩石中黏土矿物含量较低,长英质矿物含量较高。同时,陆源区的火山岩和风城组同期喷发的火山岩的类型差别较小,细小的碎屑颗粒难以分辨是飘落的火山灰或是陆源碎屑。由于岩石中含有相当数量的内源沉积产物,初步的计算表明,当内源沉积占比为 30% 左右时,如果岩石中的黏土矿物含量达 20% 左右时基本可以认为陆源碎屑沉积岩,但这并不意味着黏土矿物含量更低时不是沉积岩而一定是沉火山碎屑岩或其他岩石。

3.2.2 岩石组合与分布特征

在玛湖凹陷风城组,上述不同岩类在不同的层段和相区具有不同的组合特征。图 3-16 为根据薄片鉴定结果统计的风城组不同相区、不同层段岩石类型分布,从中可以看出,垂向上在风城组一段火山岩类和碎屑岩类均较发育,风城组二段陆源碎屑岩相对较不发育,风城组三段的混积岩类相对较发育。平面上在蒸发岩类较发育的盆地中心区混积岩类相对较发育,在过渡区火山岩类和碎屑岩类均较发育,在断裂发育的鼻隆带火山类和混积岩类一般较为发育。需要注意的是,这一结果反映风城组在不同的层位和不同

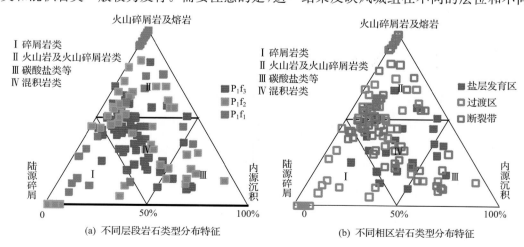

(a) 不同层段岩石类型分布特征　　　　(b) 不同相区岩石类型分布特征

图 3-16　风城组不同层段(a)、不同相区(b)岩石类型分布特征

的相区发育特定的优势岩性。如前所述,鉴于风城组岩性组成的复杂性,整个风城组岩石类型的分布特征还需进一步研究。

图 3-17～图 3-19 是风城组各段的岩相分布图,从中可看出在不同的层段和地区,岩石的优势岩相分布有很大的不同。具体而言,在平面上,陆源碎屑岩类主要发育在凹陷的

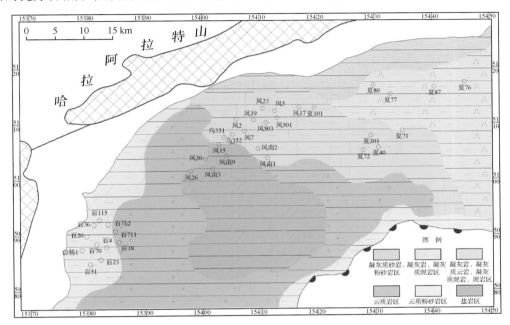

图 3-17　玛湖西斜坡二叠系风城组一段主要岩相分布图

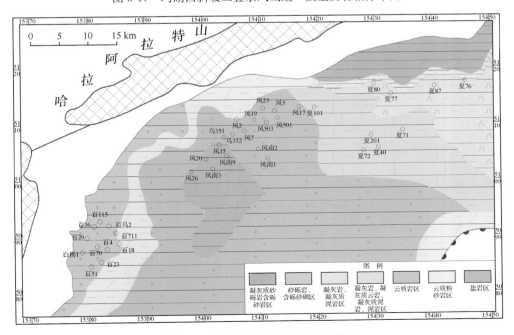

图 3-18　风城组二段主要岩相分布图

西部边缘,主要岩石类型为砂砾岩、砂岩及粉砂岩类,从凹陷边缘到凹陷内部,岩石的粒度变细,内源沉积的组分逐渐增加;垂向上从风城组一段到风城组三段,碎屑岩的沉积面积在逐渐扩大,与整个凹陷的沉积面积的演化相一致。

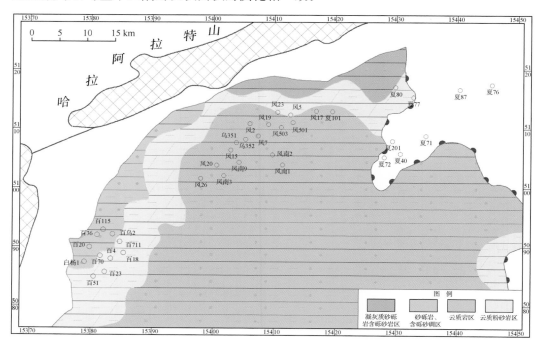

图 3-19　风城组三段主要岩相分布图

对于火山岩类,在平面上的分布在凹陷的东北部相对较占优势,以沉积火山碎屑岩为主,混有陆源碎屑成分和内源沉积;在垂向上的分布与陆源碎屑岩类相反,从风城组一段到风城组三段,分布面积有缩小趋势,到风城组三段,火山岩类已不占优势,而以混积岩类为主。

对于内源沉积岩类,其中的混积岩类是风城组分布最广的岩类,主要分布于凹陷的中东部,可以与火山岩类互层出现,也可作为陆源碎屑岩的夹层。蒸发岩类主要分布于风城组一段和风城组二段的凹陷中心地区,其他地区较为少见,只在个别井的风城组二段有零星分布,风城组三段除个别井段在其底部有零星分布外已经基本消失。相比而言,内源沉积中的碳酸盐类分布情况则比较复杂,在凹陷的中心区,与蒸发岩的分布大体一致,和蒸发盐、混积岩三者呈不等厚互层出现;在其他地方,总体上与混积岩类的分布大致一致,主要作为混积岩的夹层出现。

3.3　风城组碱湖沉积相类型及特征

3.3.1　主要沉积相类型

前已述及,风城组的古地貌特征为西陡东缓的不对称箕状凹陷。考虑该古地貌背景,并结合录井、测井、岩心及地震等资料综合分析后认为,风城组在研究区西部出现的粗碎屑岩属于扇三角洲沉积,而在其他地区的细粒沉积以湖泊相为主。以下介绍这两个沉积相的岩性特征和亚相类型。

1. 扇三角洲

扇三角洲是冲积扇前积于水下的沉积相,有水上、水下部分,且都具有近源、多砾、辫状河发育的特点,进一步又包括扇三角洲平原、扇三角洲前缘及前扇三角洲亚相。研究区扇三角洲前缘沉积亚相在风城组一段、风城组二段及风城组三段均发育,而扇三角洲平原亚相只在风城组二段和风城组三段发育。

1) 扇三角洲前缘

扇三角洲前缘是扇三角洲的水下部分,位于岸线至正常天气浪基面之间的浅水区,是大陆水流、波浪和潮汐相互作用的地带(陈程等,2006;程皇辉等,2013)。湖泊扇三角洲是河控型扇三角洲,沉积物组成以各种粒级的砂和粉砂为主,也常有砾石沉积,粒度变化向盆地方向变细。砂岩中交错层理发育。与前扇三角洲呈指状交错过渡。主要发育水下分流河道、水下河道间及席状砂沉积。

扇三角洲前缘在研究区普遍发育,发育的岩相有陆源碎屑岩类、火山岩类和混积岩类。如玛湖西斜坡的百泉 1 井[图 3-20(a)],录井上见到大套的灰色砂砾岩地层,经过岩心观察,发现该砂砾岩的砾石分选差-中等,磨圆中等,成分主要为暗色火山岩,可能发育槽状交错层理,主要为扇三角洲前缘水下分流河道沉积。玛湖西斜坡区东北部的夏 88 井[图 3-20(c)],岩心可见绿灰色凝灰质砂砾岩,砾石分选差-中等,磨圆中等,成分主要为绿

(a) 百泉1井,4100.43~4100.6m,P_1f_2,灰色砂砾岩;扇三角洲前缘

(b) 百泉1井,3769.63~3769.79m,P_1f_3,绿灰色砂砾岩;扇三角洲平原

(c) 夏88井,3832.14~3832.47m,P_1f_1,绿灰色凝灰质砂砾岩;扇三角洲前缘

(d) B2040井,3210.3~3210.55m,P_1f_3,红褐色砾岩;扇三角洲平原

图 3-20　扇三角洲岩心照片

灰色和红褐色火山岩,见不明显的粒序层理,为扇三角洲前缘水下分流河道沉积。

2)扇三角洲平原

扇三角洲平原是扇三角洲的陆上部分,其范围包括从扇端至岸线之间的近海(湖)平原地带(王勇和钟建华,2010;张顺存等,2015)。它的沉积相特征主要决定于沉积物供给体系类型。在干旱、半干旱地区的扇三角洲平原具有旱地冲积扇的沉积特征,一般紧邻活动断裂带分布,坡度大、扇体小,地表水系为准河道化洪流,具有间歇性和突发性(王勇和钟建华,2010;张顺存等,2015)。沉积相初频繁交错叠置的水道沉积与片流沉积的砂砾层外,还有大量泥石流沉积和筛积物相伴,近断崖根部有时还可见崩塌沉积。砾石成分复杂,成熟度低,成层不明显,规则而清晰的大型交错层理较缺乏,冲刷充填构造发育。

在研究区,扇三角洲平原主要分布在西部和北部边缘,发育的岩相主要有陆源碎屑岩类和火山岩类。百泉1井[图3-20(b)]在岩心上可见主要岩性为绿灰色砾岩,砾石主要为暗色火山岩,分选和磨圆均中等,层理不清,可能为扇三角洲平原辫状河道沉积。

B2040井位于研究区西部,岩心上可见主要岩性为红褐色砾岩,砾石主要以各种火山岩为主,颜色有褐色、棕红色、绿灰色及灰色,分选差,磨圆差,混杂堆积,可能为扇三角洲平原辫状河道沉积[图3-20(d)]。

2. 湖泊

湖泊相为主要的沉积类型,在研究区主要包括浅湖亚相、半深湖—深湖亚相。

1)浅湖亚相

浅湖沉积位于滨湖亚相内侧至浪基面以上的地带,水体比滨湖区深,沉积物受波浪和湖浪作用的影响较强(张喜林等,2006;邵先杰,2007)。岩石类型以黏土岩和粉砂岩为主,可夹有少量化学岩薄层或透镜体。陆源碎屑供应充分时,可出现较多的细砂岩,砂岩胶结物以泥质、钙质为主,分选和磨圆较好。层理类型多以水平、波状层理为主,水动力强度较大的浅湖区具有小型交错层理,砂泥岩交互沉积时可形成透镜状层理,有时层面可见对称浪成波痕。生物化石丰富,保存完好,以薄壳的腹足、瓣鳃类等底栖生物为主,亦出现介形虫和鱼类等化石,少见菱铁矿、鲕绿泥石等弱还原条件下的自生矿物。

该亚相在风城组3个段均发育,发育的岩相有陆源碎屑岩类、火山岩类及内源沉积岩类,主要微相类型有浅湖滩坝、浅湖碳酸盐岩及浅湖泥质岩类等。在实际沉积相划分中,发现浅湖亚相和半深湖亚相往往是间互出现,因此可以把浅湖亚相和半深湖亚相划在一起,称作浅湖-半深湖亚相或者浅湖夹半深湖亚相。

研究区发育的浅湖沉积很有特色,以风南7井$P_1f_2^2$为例,发育深灰色泥质云岩、云质泥岩或沉凝灰岩,见大量盐类矿物,盐类矿物为碳钠钙石、碳酸钠石(天然碱)、苏打石、硅硼钠石、白云石及方解石等[图3-21(a)]。

2)半深湖和深湖亚相(半深湖-深湖亚相)

半深湖和深湖亚相位于正常浪基面以下水体较深部位,为缺氧的弱还原-还原环境;岩性以灰黑-深灰、灰褐色泥页岩为特征,常见油页岩、薄层泥灰岩或白云岩夹层;发育水平层理及细波状层理,化石较丰富,生物类型以浮游生物为主,保存较好,底栖生物不发育,可见菱铁矿和黄铁矿等自生矿物;岩性横向分布稳定,垂向上常具有连续的完整韵律,沉积厚度大(邓宏文和钱凯,1990;拜文华等,2010;吴克强等,2015)。在实际工作中,半深湖与深湖亚相常难以区分。相对来说,半深湖亚相泥岩颜色的暗度和岩性纯度稍次,可见少量底栖生物和含少量粉砂。通常将两者合并起来,称为半深湖和深湖亚相或半深湖-深湖亚相(邓宏文和钱凯,1990;吴克强等,2015)。

研究区风城组主要发育浅湖-半深湖亚相沉积,发育的岩相主要是内源沉积岩类。如风南1井 $P_1f_2^2$,岩性为深灰色及灰黑色泥质云岩、云质泥岩或沉凝灰岩,具季节性纹层,纹层为各种盐类矿物,类型有碳钠钙石、碳酸钠石(天然碱)、苏打石、硅硼钠石、白云石及方解石等[图3-21(b)]。

(a) 风城7井,$P_1f_2^2$,深灰色泥质云岩、云质泥岩或沉凝灰岩,发育大量盐类矿物

(b) 风南1井,$P_1f_3^2$,深灰色灰黑色泥质云岩、云质泥岩或沉凝灰岩,具季节性纹层

图 3-21 湖泊相岩心照片

3.3.2 主要沉积组合类型与特征

如前所述,二叠系风城组为咸水-盐湖沉积,根据风城组的沉积特点及其与沉积介质盐度相关的化学沉积矿物的类型与含量,将其视作沉积组合类型和沉积演化的标志,据此可将风城组复杂的、不同类型的岩石类型综合划分为4种主要沉积组合类型或沉积充填单元。

1. 盐度相对较低沉积组合

该类沉积组合包括的岩石类型很多,风城组的很多岩石类型在该组合中出现,除受扇三角洲控制的较粗粒岩石出现在凹陷的西部边缘外,在斜坡部位出现的大部分砂岩类出现在该组合,但以粉砂-泥质岩类等细粒岩石为主,火山岩(或火山碎屑岩)在该组合中相对较发育,不同地区岩性变化大。在该组合中,岩石的粒度和成分可能有很大变化,但其共同的特点是基本不含自生化学沉积矿物[图3-22(a)],表明盐度相对较低,并且是风城组最低的。该套组合主要分布于风城组一段的下部和风城组三段的中部和上部,风城组一段沉积时期火山活动比较强,是盆地快速沉降时期,大致相当于湖进期沉积组合。

2. 咸化沉积组合

岩石类型主要为泥质白云岩、云质泥岩、凝灰质云岩、云质凝灰岩和含云或云质粉砂岩等,为含自生碳酸盐岩类沉积组合,前期以方解石沉积为主,后期主要为白云石沉积,局部或成岩裂缝内含少量碱类矿物沉积,该组合出现的标志为具季节性纹层的深灰色或黑

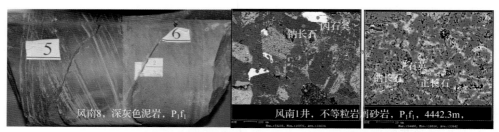

(a) 盐度相对较低沉积组合，基本不含化学沉积为主的自生矿物

(b) 咸化沉积组合，自生矿物以方解石和白云石为主

(c) 富含蒸发盐沉积组合，富含苏打石、碳酸钠钙石等蒸发盐类矿物

(d) 咸化减弱组合，咸化沉积组合，自生矿物以方解石和白云石为主

图 3-22　风城组不同类型沉积组合基本特征

色泥页岩[图 3-22(b)]，代表深水沉积，也表示湖水已初步浓缩至方解石饱和沉积，再进一步浓缩，将会出现白云石和碱类矿物。作为蒸发过程的产物，该组合岩石中白云石的含

量相对较高,即云质岩相对发育,是所谓云质岩发育的主要沉积组合。不同相区分布有一定差异,在凹陷中心区主要分布于风城组一段的上部和风城组三段的下部,在风城组二段以夹层出现。过渡区主要分布与风城组二段、风城组三段下部及风城组一段上部,在受陆源碎屑影响较小的湖泊边缘及湾区,整个风城组均富含云质岩。

3. 富含蒸发盐沉积组合

这是以碱类蒸发盐矿物沉积为主的组合[图 3-22(c)]。主要岩石类型为含云质硅硼钠石质碳钠钙石岩、灰色碳钠钙石岩、灰色苏打石岩、硅硼钠石质岩石、含硅硼钠石云化粉砂岩及深灰色碳钠钙石质云泥岩等,主要为化学沉积产物。平面上主要分布于凹陷的中部,厚度变化大,从中心向外逐渐减薄,主要发育在风城组二段的蒸发盐发育区,常与咸化沉积组合相间出现而构成韵律层理或互层出现,是盐度相对最高的组合。其碳同位素 $\delta^{13}C‰$(VPDB)整体为正值,分布范围 $2\sim6$,表明主要为蒸发作用而致,氧同位素 $\delta^{18}O‰$(VPDB)以偏负为主,分布范围为 $-10.54\sim2.77$,变化较大,显示其成岩及后期改造较强,Z 值为 $129.29\sim140.78$,表明为咸水沉积,风城组烃源岩 β-胡萝卜烷含量高,富含伽马蜡烷。较高的 β-胡萝卜烷存在于还原或高盐度环境,表明该套组合沉积时玛湖凹陷为还原环境,盐度很高,菌类非常丰富,湖水水体可能有分层现象。

4. 咸化减弱沉积组合

由于气候变化等原因导致再次湖进,使得湖水盐度变低,自生蒸发盐类矿物逐步消失,形成类似咸化沉积组合的岩石序列。但自生矿物的形成顺序大致与第二组合(咸化沉积)相反,代表再次湖进的开始,或湖盆演化的结束,也可称为碱类矿物消失组合[图 3-22(d)]。该组合岩石中白云石的含量相对较高,云质岩也相对发育,主要分布于风城组三段的下部和上部。

3.4　风城组碱湖沉积发育模式

在以上对玛湖凹陷研究区碱湖古沉积背景和沉积特征详细分析的基础上,本节将首先查明沉积相的平面展布和垂向演化特征,进而建立风城组的碱湖沉积发育模式。

3.4.1　沉积垂向演化特征

1. 沉积旋回

玛湖凹陷研究区风城组沉积物中化学沉积矿物的类型和含量主要受气候影响的湖平面升降控制。因此,根据盐类(碱类)及碳酸盐岩类等自生矿物的类型、产状及含量划分出不同沉积组合类型的分布与叠置关系,可将风城组大致分为 4 个湖进湖退沉积旋回,其中风城组一段和二段各 1 个,风城组三段 2 个。需要注意的是,由于沉积间断和后期构造抬升剥蚀,部分地区上部的两个旋回可能发育不全或被不同程度剥蚀。

首先,风城组段为大致完整的湖进湖退旋回,当时的湖水盐度相对较低,从沉积岩石组合和自生矿物的特征来看,湖水的盐度大致从低盐度的淡水或微咸水逐渐演化为咸水。因此,在旋回的早期,即湖进-高位期,形成了前述的低盐度沉积组合,特点是缺乏自生化学沉积矿物;在沉积旋回的晚期,即高位-湖退期,形成了咸化沉积组合,自生矿物基本以方解石和白云石为主。

其次,风城组二段整体为湖水变浅为主的湖退沉积旋回,在风城组一段上部湖水盐度增大基础上,湖水咸度进一步增加,湖水盐度明显较风城组一段沉积时高。在凹陷的中心区,沉积了一套以碱性蒸发盐为主的厚层化学沉积夹咸化沉积组合,自生矿物以蒸发盐岩类为主;在鼻隆或过渡区,沉积了一套以咸化沉积为主的沉积组合,自生矿物以同生、准同生泥晶—微晶白云石为主。蒸发盐矿物从凹陷中心向外逐渐减少至消失。

最后,风城组三段沉积时期湖水的盐度较风城组二段明显降低,与风城组一段大致相近,该段大致可分为两个旋回,两个旋回之间有一定的沉积间断,下部旋回由风三段的中部和下部组成,总体是湖水盐度变低的演化过程。在凹陷中心区,沉积了一套咸化减弱沉积组合和低盐度沉积组合;在过渡区,以咸化减弱沉积组合为主。风城组三段上部,湖水盐度进一步减低,沉积组合以低盐度沉积组合为主。

2. 沉积组合

玛湖凹陷研究区风城组的沉积演化特征具有平面差异性,表现为不同的岩相区(沉积中心区、鼻隆区、过渡区)具有不同的沉积特征。

1) 中心区

玛湖西斜坡中心区风城组沉积演化柱状图(图 3-23)由多口井组成,包括艾克 1 井的风城组一段二砂组($P_1f_1^2$),风南 7 井的风城组一段 1 砂组、风城组二段三砂组、风城组二段二砂组($P_1f_1^1$、$P_1f_2^3$、$P_1f_2^2$),风南 3 井的风城组二段一砂组($P_1f_2^1$),风城 011 井的风城组三段三砂组($P_1f_3^3$),风南 3 井的风城组三段二砂组($P_1f_3^2$)和风城组三段一砂组($P_1f_3^1$)。自下而上各砂组组成 5 个沉积组合,分别为较低盐度沉积组合、初步咸化沉积组合、碱类蒸发岩沉积组合、弱咸化沉积组合、较低盐度沉积组合或低盐度沉积组合。其和鼻隆区的最大区别在于它多了个碱类蒸发岩沉积组合。

各个组合的岩性特征详细描述如下。①较低盐度沉积组合由 $P_1f_1^2$ 砂组下部组成,岩性为深灰色、灰黑色云质泥岩及凝灰质泥岩夹白色盐类矿物,盐类矿物呈透镜状、团块状、蠕虫状、雪花状及似层状分布[图 3-24(a)]。②初步咸化沉积组合由 $P_1f_1^2$ 砂组下部和 $P_1f_1^1$ 砂组组成,岩性主要为灰色云质泥岩夹少量泥质云岩,见白色盐类矿物,盐类矿物呈团块状、雪花状及撕裂状分布,不同层段盐类矿物发育程度不同。③碱类蒸发岩组合,由整个风城组二段组成,岩性为绿灰色泥质云岩、云质泥岩、灰黑色云质泥岩、泥质云岩及凝灰质泥岩等,可见大量白色盐类矿物,明显比风城组一段各砂组多,呈似层状及雪花状分布[图 3-24(b)~图 3-24(e)]。④弱咸化沉积组合,由 $P_1f_3^3$ 砂组组成,岩性为灰绿色云质泥岩及泥质云岩夹灰色云质粉砂岩,云质粉砂岩致密,直劈缝中充填盐类矿物[图 3-24(f)]。⑤较低盐度沉积组合或低盐度沉积组合,由 $P_1f_3^2$ 和 $P_1f_3^1$ 砂组组成,岩性为绿灰色泥质云岩、云质泥岩及云质粉砂岩,几乎不含盐类矿物。

从下至上,低盐度沉积组合相当于早期湖进沉积组合;初步咸化沉积组合相当于湖进

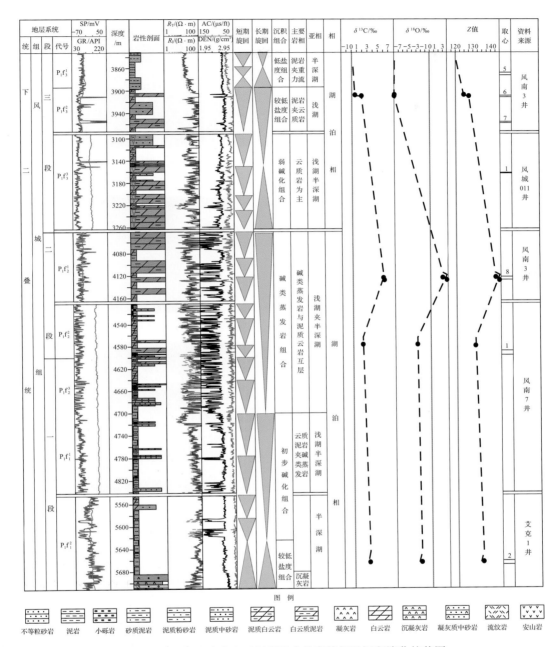

图 3-23　玛湖凹陷中心区沉积组合发育特征及沉积演化柱状图

沉积组合;碱类蒸发岩沉积组合相当于高位晚期和湖退早期沉积组合;弱咸化沉积组合相当于湖退沉积组合,碱类矿物逐步消失,顺序大致与初步咸化沉积组合相反。较低盐度沉积组合或低盐度沉积组合,代表再次湖进的开始或湖盆演化的结束。

2) 鼻隆区

玛湖西斜坡鼻隆区风城组沉积演化柱状图(图 3-25)由风城 011 井的风城组一段二砂

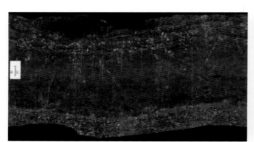

(a) 艾克1井，$P_1f_1^2$，较低盐度沉积组合

(b) 风南7井，$P_1f_2^2$，碱类蒸发岩沉积组合

(c) 风南7井，$P_1f_2^2$，碱类蒸发岩沉积组合

(d) 风南3井，$P_1f_2^1$，碱类蒸发岩沉积组合

(e) 风南3井，$P_1f_2^1$，碱类蒸发岩沉积组合

(f) 风城011，$P_1f_1^3$，弱咸化沉积组合

图 3-24　玛湖西斜坡中心区风城组岩心照片

组（$P_1f_1^2$），风 5 井的风城组一段一砂组、风城组二段三砂组、风城组二段二砂组、风城组二段一砂组、风城组三段三砂组（$P_1f_1^1$、$P_1f_2^3$、$P_1f_2^2$、$P_1f_2^1$、$P_1f_3^3$），风 20 井的风城组三段二砂组（$P_1f_3^2$）及风 7 井的风城组三段一砂组（$P_1f_3^1$）组成。自下而上各砂组组成 4 个沉积组合，分别为低盐度沉积组合、咸化沉积组合、淡化沉积组合及低盐度沉积组合。

　　各个沉积组合的岩性特征详细描述如下。①低盐度沉积组合由 $P_1f_1^2$ 和 $P_1f_1^1$ 两个砂组组成，岩性为深灰色、灰黑色云质泥岩及凝灰质泥岩夹白色盐类矿物，盐类矿物呈透镜状、团块状、蠕虫状及雪花状分布，总体看呈类似波状层理[图 3-26（a）、图 3-26（b）]。②咸化沉积组合由整个风城组二段组成，岩性主要为棕褐色夹黑灰色及少量绿灰色凝灰岩、绿灰色白云质泥岩及深灰色云岩，也可见大量白色盐类矿物[图 3-26（c）、图 3-26（d）]，不同层段盐类矿物发育程度不同，盐类矿物呈透镜状、团块状，总体呈似层状分布。③淡化沉积组合（咸化减弱沉积组合），由 $P_1f_3^3$ 和 $P_1f_3^2$ 两个砂组组成，岩性为深灰色云化沉凝

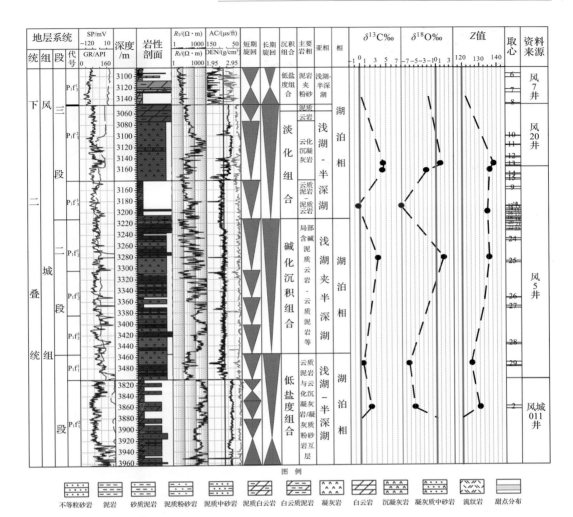

图 3-25　鼻隆区沉积组合发育特征及沉积演化柱状图

灰岩、白云岩、灰黑色云质泥岩、泥质云岩及凝灰质泥岩等,可见白色盐类矿物明显比风城组二段各砂组少[图 3-26(e)、图 3-26(f)],呈似层状及雪花状分布。④低盐度沉积组合,由 $P_1f_3^1$ 砂组组成,岩性为灰绿色、灰色、深灰色云质泥岩、泥质云岩夹凝灰质泥岩及泥质凝灰岩等,几乎看不到盐类矿物[图 3-26(g)、图 3-26(h)]。

3)过渡区

玛湖西斜坡过渡区风城组沉积演化柱状图(图 3-27)由风南 4 井的风城组一段二砂组 $(P_1f_2^1)$,风南 1 井的风城组一段一砂组 $(P_1f_1^1)$,整个风城组二段 3 个砂组 $(P_1f_3^2、P_1f_2^2、P_1f_1^2)$,风城组三段三砂组 $(P_1f_3^3)$ 和二砂组 $(P_1f_2^3)$ 及风南 4 井风城组三段一砂组 $(P_1f_1^3)$ 组成。自下而上各砂组组成 4 个沉积组合,分别为低盐度沉积组合、咸化沉积组合、淡化沉积组合及低盐度沉积组合。

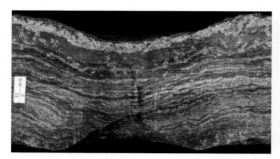 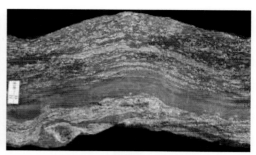

(a) 风城011井，$P_1f_1^2$，低盐度沉积组合 (b) 风城011井，$P_1f_1^2$，低盐度沉积组合

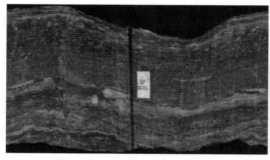 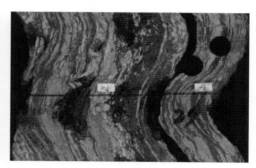

(c) 风5井，$P_1f_1^1$，咸化沉积组合 (d) 风5井，$P_1f_2^1$，咸化沉积组合

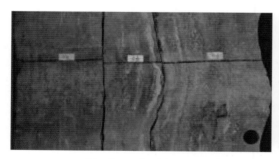 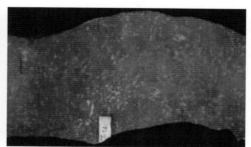

(e) 风20井，$P_1f_3^2$，淡化沉积组合 (f) 风20井，$P_1f_3^2$，淡化沉积组合

(g) 风7井，$P_1f_3^1$，低盐度沉积组合 (h) 风7井，$P_1f_3^1$，低盐度沉积组合

图 3-26 玛湖西斜坡鼻隆区风城组岩心照片

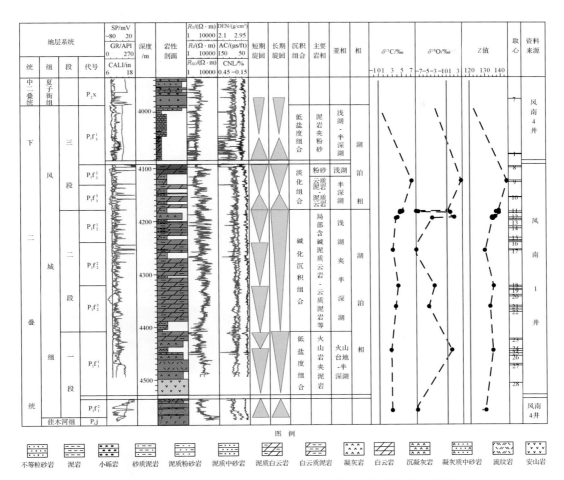

图 3-27 玛湖西斜坡过渡区沉积组合发育特征及沉积演化柱状图

各个沉积组合的岩性特征详细描述如下。①低盐度沉积组合由 $P_1f_1^2$ 和 $P_1f_1^1$ 两个砂组组成，岩性为绿灰色、灰色沉凝灰岩、凝灰质砂岩及流纹岩等，特征是基本不含盐类矿物[图 3-28(a)]。②咸化沉积组合由整个风城组二段组成，岩性主要为灰色、绿灰色泥质云岩及云质泥岩等，见大量白色盐类矿物，不同层段盐类矿物发育程度不同，盐类矿物呈透镜状、团块状及似层状分布[图 3-28(b)]。③淡化沉积组合(咸化减弱沉积组合)，由 $P_1f_3^3$ 和 $P_1f_3^2$ 两个砂组组成，岩性为绿灰色云质泥岩、泥质云岩夹灰色泥质云岩等，可见白色盐类矿物明显比风城组二段各砂组少，呈条带状分布[图 3-28(c)]。④低盐度沉积组合，由 $P_1f_3^1$ 砂组组成，岩性为深灰色云质泥岩、云质粉砂岩夹棕褐色云质泥岩等，少见雪花状盐类矿物[图 3-28(d)]。

从下至上，低盐度沉积组合相当于早期湖进沉积组合；咸化沉积组合相当于高位晚期和湖退早期沉积组合；淡化沉积组合也就是咸化减弱沉积组合，碱类矿物逐步消失，顺序大致与咸化沉积组合相反。低盐度沉积组合，代表再次湖进的开始或湖盆演化的结束。

综上所述,在不同相区,不同沉积组合单元的发育程度和叠置关系不同。在凹陷沉积(碱类蒸发盐发育区)中心,上述四套沉积组合发育齐全,依次叠置,其他相区缺乏蒸发沉积单元。云质岩分布受沉积旋回沉积组合类控制,在不同相区,云质岩分布的位置不同。在碱类等蒸发矿物发育区,云质岩主要分布于碱类沉积发育段的顶底板;过渡区主要分布于风城组二段、风城组三段下部及风城组一段上部;在受陆源碎屑影响较小的湖泊边缘及湾区,整个风城组均富含云质岩。

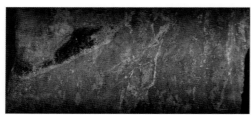 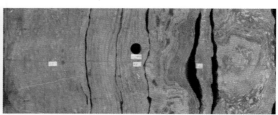

(a) 风南1井,$P_1f_1^1$,低盐度组合,盐类矿物少   (b) 风南1井,$P_1f_3^2$,咸化沉积组合,盐类矿物大量出现

(c) 风南1井,$P_1f_3^2$,淡化组合,盐类矿物变少   (d) 风南4井,$P_1f_3^1$,低盐度组合,盐类矿物少

图 3-28 玛湖西斜坡过渡区风城组岩心照片

3.4.2 沉积展布特征

1. 物源方向

沉积物源方向是确定沉积平面展布特征的基础。运用沉积学原理,利用重矿物资料、岩心资料、岩矿资料及粒度资料,综合分析认为玛湖研究区发育东北物源和西北物源(匡立春等,2014;唐勇等,2014;潘建国等,2015)。东北物源为碎屑岩和火山岩混合类型,西北物源为碎屑岩类型。

1) 重矿物特征

重矿物按其成因可分为陆源重矿物和自生重矿物两大类,其中陆源重矿物按其在风化、搬运过程中的稳定程度分为稳定重矿物和不稳定重矿物,其组成的重矿物组合和稳定系数能较好地反映物源方向和离物源的远近。根据 17 口井 79 个样品统计结果,玛湖西斜坡区碎屑岩中出现的陆源重矿物主要有 13 种(表 3-4),其中稳定重矿物有:褐铁矿、磁铁矿、锆石、白钛石、石榴石、电气石、尖晶石及榍石;不稳定重矿物有:钛铁矿、普通辉石、绿帘石、普通角闪石及黑云母(图 3-29)。

表 3-4　玛湖西斜坡区二叠系风城组重矿物种类分析表

陆源重矿物类型	重矿物组成
稳定重矿物	褐铁矿、磁铁矿、锆石、白钛石、石榴石、电气石、尖晶石、榍石
不稳定重矿物	钛铁矿、普通辉石、绿帘石、普通角闪石、黑云母

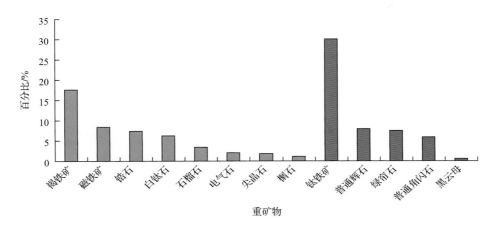

图 3-29　玛湖西斜坡区二叠系风城组陆源重矿物分布直方图

夏 72 井 P_1f_3 的重矿物组合为褐铁矿-钛铁矿-锆石-石榴石,稳定系数为 2.26,沉积亚相为扇三角洲前缘;位于夏 72 井西南 15km 远的风南 1 井 P_1f_3,重矿物组合为褐铁矿-白钛石-锆石,稳定系数为 19.42,沉积亚相为浅湖-半深湖亚相。风 5 井 P_1f_3 的重矿物组合为钛铁矿-褐铁矿-普通角闪石-普通辉石,稳定系数为 0.52,沉积亚相为浅湖-半深湖,录井和岩心均见到大量的凝灰岩。录井和岩心表明研究区东北夏子街地区的井,如夏 87井,在风城组一段和二段均见到了大量的凝灰岩、沉凝灰岩及凝灰质泥岩;研究区西北部的井,如风南 5 井,整个风城组未见凝灰质;而研究区中部的井,如风南 1 井在风城组一段见到了凝灰岩。

据此,结合稳定系数、录井及岩心的证据,参照沉积学原理,发现夏子街地区的沉积主要受东北部物源的控制;风城 1、风南 3 及风南 5 等井区主要受西北物源控制,百泉 1 井是研究区唯一一口发育大量砂砾岩及砾岩的井,它的物源应在其西北方向;而风南地区的沉积可能同时受东北部和西北部物源控制。

2)岩矿特征

研究区不同位置井的岩石组成数据统计结果表明,夏子街地区 5 口井 11 个样品的风城组岩矿组成为:正常沉积物为 28%～94%,平均为 66%;凝灰质为 6%～72%,平均为 34%。

相比而言,风南 1、风南 4 及艾克 1 这 3 口井的岩石组成和夏子街地区差异很大,主要是长石、石英及岩屑(凝灰岩及其他);长石为 2%～80%,平均为 15%;石英为 2%～40%,平均为 12%。风南 1 井几乎没有凝灰岩(或凝灰质岩石)。由此可以看出,夏子街地区的风南 1、风南 4 等井区受不同的物源控制。

风南 5 和风城 1 井的岩石组成另有特点,主要为硅硼钠石-碳钠钙石质粉砂岩等,还有样品见苏打石或苏打石岩。因此,这两个井区的物源和前述两个地区又有不同,主要受内源沉积控制。

3)沉积物粒度特征

从粒度概率曲线(图 3-30)上可以看出,玛湖西斜坡区东北部的夏 87 井岩性为凝灰质细砂岩,曲线呈宽缓的上拱弧形,反映了颗粒呈单一的杂基支撑悬浮或颗粒支撑悬浮,为泥石流(碎屑流)的曲线特征。百泉 1 井 4101.33m(P_1f_2)的岩性为砂砾岩,和夏 87 井完全不同,其曲线特征为代表牵引流的两段式。风南 4 井 4581.03m(P_1f_1)的岩性为白云质中细砂岩,以跳跃总体为主(缺少滚动和悬浮总体)。

2. 沉积展布特征

1)风城组一段

根据录井、测井及岩心等资料,结合地震属性,通过综合研究厘定了各个沉积亚相和岩相的边界线。从风城组一段沉积相图上可以看出,主要的沉积相类型有扇三角洲和湖泊,具体的亚相类型是扇三角洲前缘和浅湖-半深湖(图 3-31)。扇三角洲前缘沿着哈拉阿拉特山成带状分布,分为东西两块,扇体最宽处接近 10km。西部的扇体主体为正常碎屑岩沉积,岩性主要为灰色云质粉砂岩、云质细砂岩及细砂岩,砂体包含 B2040 井和百泉 1井,可能有多个分支水流,来自于北部的哈拉阿拉特和西部的扎依尔山;东部夏子街地区主要为火山碎屑与正常碎屑混合沉积,砂岩中普遍含凝灰质,扇体沿着北部边缘呈带状分布。剩下的范围为浅湖-半深湖沉积,前文描述的 4 个岩相中的 3 个就发育于此亚相中。风南 3、风城 1、风 9、艾克 1 及风 26 等井所处位置位于盐岩(内源沉积岩类)发育区;风 20等井处于云质岩(混积岩类)发育区;风 5、风 7、夏 72、夏 40 等井处于凝灰岩、凝灰质云岩、凝灰质泥岩及泥岩(混积岩类)发育区;夏 71、夏 77、夏 87 等井处于凝灰岩及凝灰质泥岩(火山岩类、混积岩类)发育区。

2)风城组二段

风城组二段沉积是个湖退沉积。由于基准面的相对下降,导致可容纳空间增多,扇体朝湖盆方向推进,在凹陷的边缘出现了扇三角洲平原沉积(图 3-32)。风城组二段的扇体规模明显比风城组一段大,东西两个扇体连为一体,而浅湖-半深湖的沉积范围相应变小。盐岩(内源沉积岩类)分布区明显缩小,先前位于盐岩分布区的艾克 1 井此时已经处于云质岩(混积岩类)分布范围内。云质岩分布范围明显变大,向北向西扩展;凝灰岩、凝灰质云岩、凝灰质泥岩及泥岩(混积岩类)和凝灰岩及凝灰质泥岩(火山岩类、混积岩类)两个以凝灰岩为主的岩相区向东缩减,范围显著变小。

3)风城组三段

风城组三段的主要沉积相类型和风城组二段一样,也为扇三角洲平原、扇三角洲前缘和浅湖-半深湖(图 3-33)。风城组三段沉积时期依旧为湖退时期,与风城组二段相比,风城组三段的扇体范围又扩大了一点,相对来说平原亚相范围扩大更多,而浅湖-半深湖的范围进一步缩小。盐岩(内源沉积岩类)分布区和两个凝灰岩(火山岩类、混积岩类)发育区已经消失,剩下的全是云质岩(混积岩类)发育区。

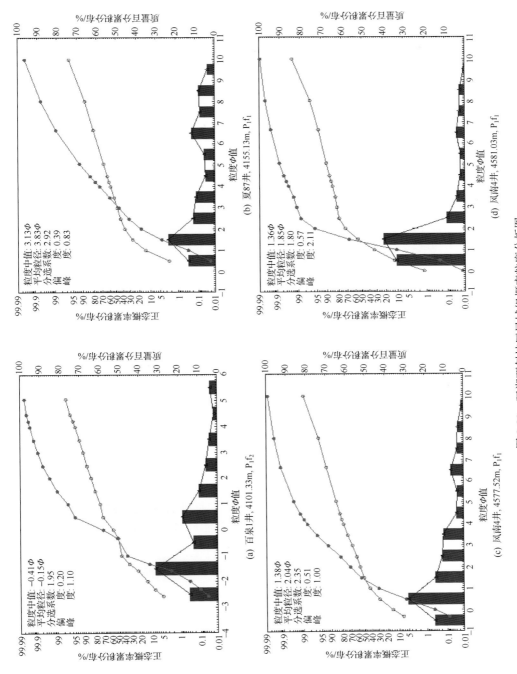

图 3-30　玛湖西斜坡区风城组概率粒度分析图

图中红色代表概率线；绿色代表百分线；蓝色代表频率线

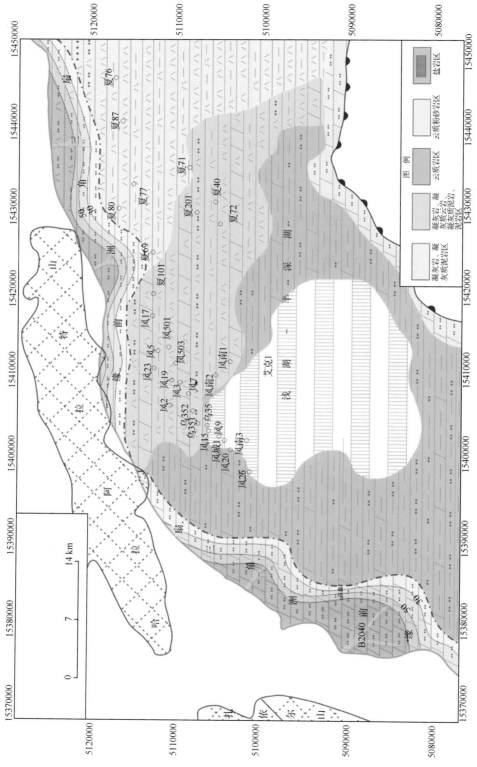

图 3-31 玛湖西斜坡二叠系风城组一段沉积相图

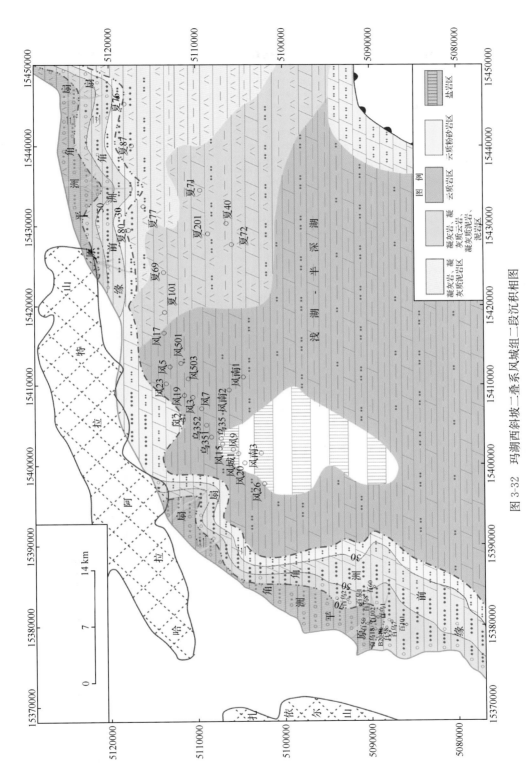

图 3-32 玛湖西斜坡二叠系风城组二段沉积相图

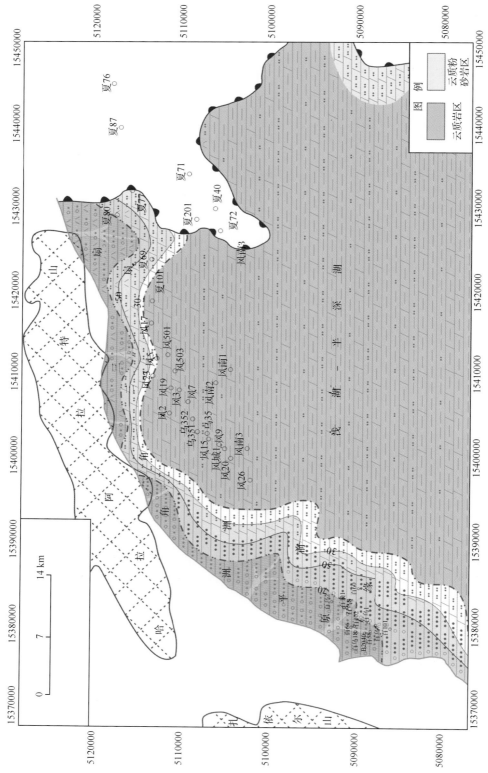

图 3-33 玛湖西斜坡二叠系风城组三段沉积相图

3.4.3　连井沉积相对比

在以上单井沉积相特征的研究基础上,进一步进行了连井沉积相对比。如图 3-34,沿西北向东南方向,从过百泉 1 井连井沉积相对比图上可以看出,从百泉 1 井所处的斜坡位置往凹陷方向相变速度快,从斜坡的扇三角洲前缘变到凹陷的浅湖-半深湖-深湖。垂向自下而上从风城组一段到风城组三段,发育的砂体有浅湖砂坝、扇三角洲前缘的水下分流河道和扇三角洲平原的分流河道,往凹陷方向,砂体呈前积叠置关系,岩性变细,砂体变少变薄。

从过风南 7—艾克 1 井风城组沉积相对比图及不同类型甜点分布预测图(图 3-35)上可以看出,沉积相为湖泊相,亚相主要有浅湖-半深湖、浅湖夹半深湖、半深湖及半深湖-深湖。发育的甜点类型主要是云质岩类,具体岩性有云质粉砂岩及泥质云岩等。具体来看,风城组一段在风南 7—艾克 1 井一线均为浅湖-半深湖沉积,发育的甜点类型主要是云质岩类,在艾克 1 井东南方向及风城组一段中上部发育盐岩层;风城组二段,在整个风南7—艾克 1 井沿线,发育大套的盐岩层,盐岩层厚度大、延伸远,属于蒸发岩类沉积组合,主要岩石类型为含云质硅硼钠石质碳钠钙石岩、灰色碳钠钙石岩、灰色苏打石岩、硅硼钠石质岩石、含硅硼钠石云化粉砂岩及深灰色碳钠钙石质云泥岩等;风城组三段,盐岩层消失,在浅湖-半深湖环境中发育云质岩类甜点。

从过百泉 1 井—风南 7 井—风南 1 井—风南 4 井风城组沉积相对比图及不同类型甜点分布预测图(图 3-36)上可以看出,主要的沉积相为扇三角洲和湖泊相,亚相主要有扇三角洲平原、扇三角洲前缘、浅湖、浅湖-半深湖、浅湖夹半深湖、半深湖及半深湖-深湖。发育的甜点类型有砂砾岩类、云质岩类及火山岩类。具体来看,风城组一段在百泉 1 井区附近发育云质岩类甜点,主要岩性为云质粉砂岩及云质细砂岩等;沿盆地内部到风南 7 井一带,甜点类型仍是云质岩类,只是岩性变细,为云质(灰质)泥岩及泥质云岩;到了风南1、风南 4 井一带,甜点类型变为火山岩类为主。风城组二段在百泉 1 井区为扇三角洲前缘,由于风城组二段总体是个湖退过程,在该过程中形成的砂体呈前积叠置关系,主要岩性为灰色砂砾岩及含砾砂岩,局部含凝灰质成分;往东北到盆地内部的风南 7 井一带,发育大套的蒸发盐岩层,蒸发盐岩的主要岩石类型为含云质硅硼钠石质碳钠钙石岩、灰色碳钠钙石岩、灰色苏打石岩、硅硼钠石质岩石、含硅硼钠石云化粉砂岩及深灰色碳钠钙石质云泥岩,盐岩层厚度大、延伸远;再往东北到风南 1、风南 4 井一带,盐岩层消失,发育岩性为泥质云岩为主的云质岩类甜点。风城组三段在百泉 1 井附近为扇三角洲平原沉积,主要岩性为红褐色、杂色及灰色砂砾岩;由于风城组三段也是湖退沉积过程,因此往盆地内部递变成扇三角洲前缘沉积,砂体颜色变得以灰色为主,粒度逐渐变细;到风南 7、风南 1、风南 4 井一带,由于远离物源区,砂体不发育而发育云质岩类甜点。

从过风南 1—风南 4—夏 72—夏 88—夏 76 井沉积相及不同类型甜点连井对比图(图 3-37)上可以看出,沉积相为湖泊相,亚相主要有浅湖-半深湖、浅湖夹半深湖、火山高

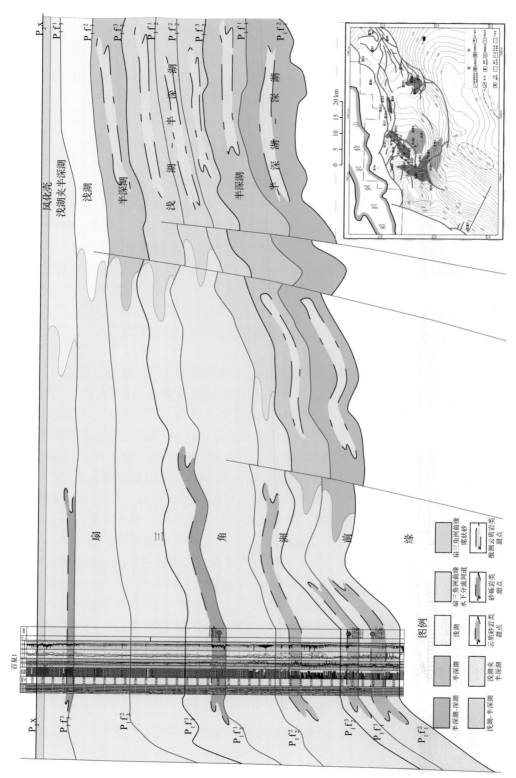

图 3-34 过百泉 1 井沉积相及不同类型甜点预测图

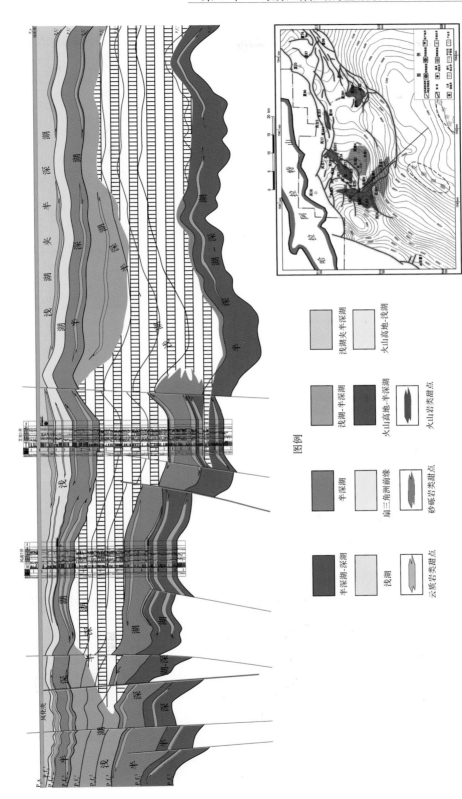

图 3-35 过风南 7—艾克 1 井沉积相及不同类型甜点连井对比图

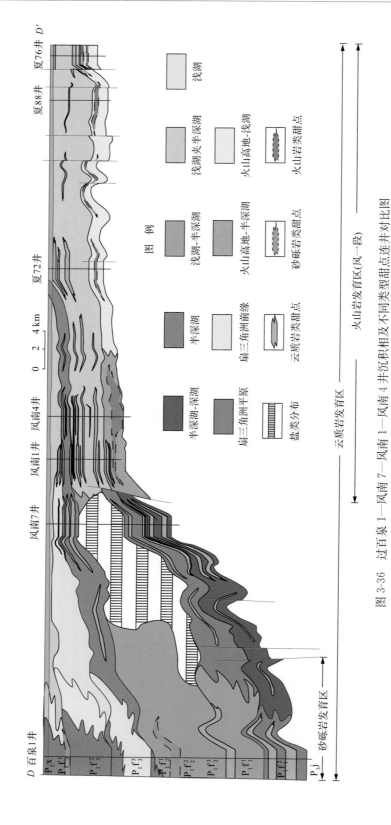

图 3-36 过百泉 1—风南 7—风南 1—风南 4 井沉积相及不同类型甜点连井对比图

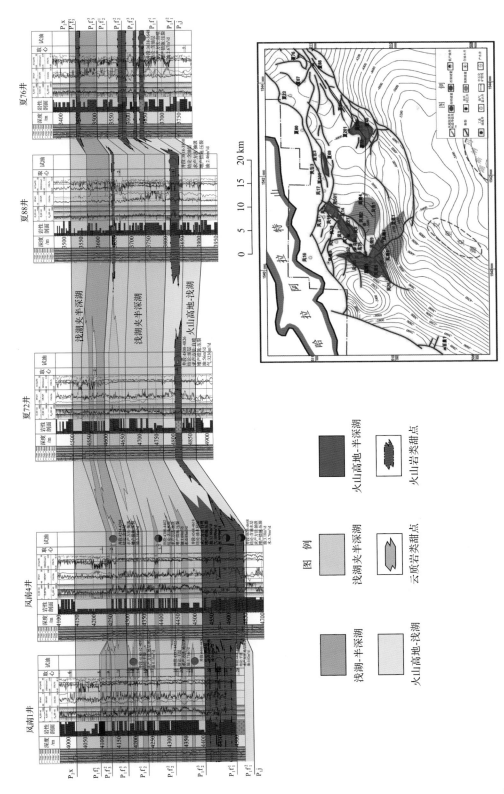

图 3-37　过风南 1—风南 4—夏 72—夏 88—夏 76 井沉积相及不同类型甜点连井对比图

地-半深湖及火山高地-浅湖。发育的甜点类型主要是云质岩类和火山岩类,云质岩类具体岩性有云质粉砂岩、云质砂岩、泥质云岩及云质泥岩等,火山岩类主要岩性有熔结凝灰岩及凝灰岩。具体来看,风城组一段在风南 1—风南 4 井一带,为火山高地-半深湖沉积,发育的甜点类型主要是火山岩及火山碎屑岩类,主要岩性有凝灰岩、凝灰质砂岩及火山角砾岩等;往东及东北方向到夏 72—夏 88—夏 76 井区,为火山高地-浅湖沉积,发育火山岩类及火山碎屑岩类甜点。风城组二段在风南 1、风南 4 井区,为浅湖夹半深湖沉积,主要甜点为云质岩类;夏 72—夏 88—夏 76 井区,也为浅湖夹半深湖沉积,主要甜点岩性为凝灰质粉砂岩。风城组三段三砂组和三砂组为浅湖-半深湖沉积,在风南 1、风南 4 井到夏72 井一带,发育的甜点为云质岩类,夏 76 井发育火山碎屑岩类甜点,具体岩性为凝灰质粉砂岩;一砂组为浅湖夹半深湖沉积,岩性较细,为良好的盖层。

3.4.4　碱湖沉积发育模式

　　在以上明确沉积相基本特征、查明垂向演化和平面展布特征的基础上,建立风城组内源和外源混合沉积模式,如图 3-38 所示。风城组存在云质岩、碎屑岩和火山岩类多种岩石类型,表明风城组是由陆源碎屑岩和爆发相火山岩(外源)与湖盆内化学沉积的碳酸盐岩(内源)叠合组成的混合沉积,其中碎屑岩、碳酸盐岩和火山岩三者比例变化较大,呈现相互消长的关系。

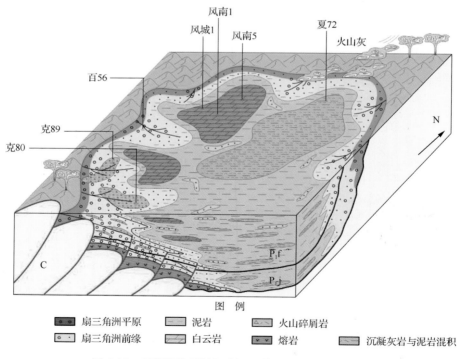

图 3-38　玛湖凹陷风城组内源和外源混合沉积模式图

对于云质岩来说,其分布明显受古地貌及物源控制,在扇三角洲发育处,云质岩的发育明显受到抑制。在扇三角洲发育处,由于水动力条件较强,外源碎屑物质输入充分,水体大部分时间都处于非静止状态,碎屑岩含量较高,云质岩的发育明显受到抑制,其发育程度明显随着砂砾岩等粗碎屑含量的增加而减少。

相比而言,在扇三角洲前缘扇体之间的湖湾区,由于水动力条件不强,水体较为安静,水体盐度较高,为云质岩的充分发育创造了良好的条件。因此在大的扇体之间,较大范围的安静水体下成为云质岩分布的主要区域。由此可见,云质岩的分布发育程度具有随碎屑颗粒含量增高而降低的特点。研究区二叠系风城组的沉积相分析表明,水体相对较安静的前扇三角洲主要发育在乌尔禾—风城—玛湖凹陷西缘,这是风城组云质岩类的主要分布区域,可以风城组一段为代表(图 3-39)。

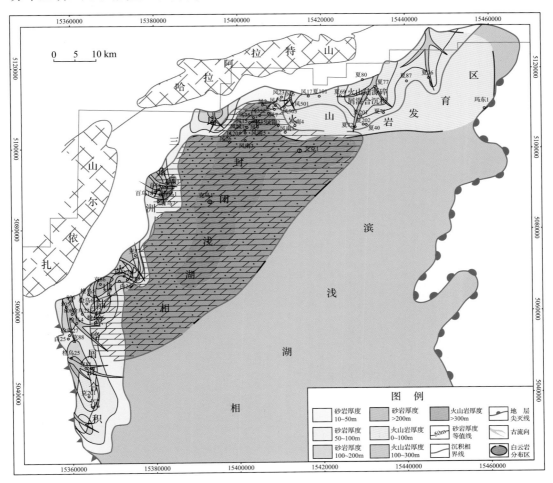

图 3-39 风城组风一段储层岩性分区发育图

研究表明,风城组云质岩主要分布于潟湖的主体部位,平面受扇体物源的影响,离湖岸有一定距离,以化学沉积作用为主。区域上云质岩类厚度变化较大,与湖相泥岩的发育关系较为密切,横向对比性差,与泥岩发育状况呈正相关,与砂砾岩发育程度呈负相关。乌-夏断裂带风城组纵向自下而上沉积具有粗—细—粗的岩性变化规律,电性具有高阻—相对低阻—高阻的测井响应,总体上反映出风城组由于构造抬升—沉降—抬升的次级构造演化,导致水体下降—上升—下降的湖平面变化,垂向上为退积-进积的沉积充填序列,沉积早期伴有火山活动。因此,风城组云质岩类与碎屑岩和火山岩通常呈互层分布,云质岩类的发育贯穿风城组整个沉积过程。总体上云质岩类储集层厚度及所占地层比例变化大,从占地层厚度不到5%至超过70%。

碱湖烃源岩特征 第4章

从前述地质背景和沉积相特征来看,准噶尔盆地玛湖凹陷的碱湖沉积极有可能发育于下二叠统风城组。据此,本章先通过详细的地质地球化学手段证实碱湖烃源岩的发育,在此基础上进一步分析碱湖生烃特征与机理。此外,鉴于玛湖凹陷研究区还发育石炭系、下二叠统佳木河组以及中二叠统下乌尔禾组 3 套烃源岩,因此本章将一并介绍这 4 套烃源岩的特征。

4.1 风城组碱湖烃源岩生烃特征与机理

4.1.1 风城组碱湖烃源岩发育的确证

碱湖沉积除了具备与常见硫酸盐类盐湖类似的一些常见特征外,还有一些独特特征,这些均在研究区风城组烃源岩系中有所发现,可据此判断。以下从沉积学、岩石矿物学及地球化学 3 方面作简要阐述。

1. 沉积学证据

国内外碱类矿床的研究表明,碱湖的发育演化通常包括一个完整的序列:成碱预备、初成碱、强成碱、弱成碱及终止演化(郑绵平,2001),该沉积演化序列在准噶尔盆地风城组可以发现。如图 4-1,风城组垂向上分三段(风一段、风二段、风三段),包括 2 个湖进-湖退沉积旋回,下部旋回由风城组一段(风一段)和风城组二段(风二段)组成,上部旋回由风城组三段(风三段)组成。成碱预备阶段属于淡水及较低盐度沉积-湖进组合,主要分布于风一段的下部和风三段的中部和上部,该时期火山活动比较强烈,出现火山矿物或岩类,如风南 1 井 4408~4524m;初成碱阶段位于湖进高位的晚期和湖退的早期,主要分布于风一段的上部和风三段的下部,岩石类型包括泥质白云岩、云质泥岩、凝灰质云岩和云质凝灰岩,该阶段的重要特征是反映水体逐渐咸(碱)化的云质岩类含量相对较高,并且局部已见少量碱类矿物沉积,如风南 1 井 4130~4179m;强成碱阶段,以蒸发岩类及大量的碱性矿物出现为特色,主要出现于风二段,如风南 5 井 3704~3916m;弱成碱阶段,出现湖进——碱类矿物消失组合,沉积水体的咸(碱)化程度逐渐降低,云质岩和碱类矿物的含量逐渐减少,主要分布于风三段上部。在平面展布上,水体碱化程度最高的在沉积中心风城和西南斜坡地区。

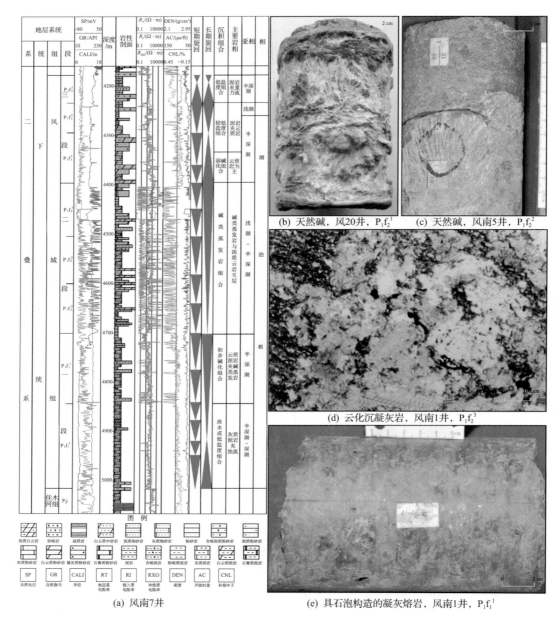

(a) 风南7井

(b) 天然碱，风20井，$P_1f_2^1$

(c) 天然碱，风南5井，$P_1f_2^2$

(d) 云化沉凝灰岩，风南1井，$P_1f_2^3$

(e) 具石泡构造的凝灰熔岩，风南1井，$P_1f_1^1$

图 4-1　风城组碱湖沉积演化序列与岩石矿物学特征

2. 岩石矿物学证据

1）发现碱性矿物

岩心和显微镜下薄片观测过程中均发现了典型的碱性矿物岩石学特征（图 4-1、图 4-2）。如图 4-2，岩心观测中发现了季节性的纹层（风南 1 井），反映了相对浅水碱性环境和相对深水还原环境的交替；发现了天然碱（风 20 井、风南 5 井），显微镜下观测发现了典型的碱性矿物苏打石(风南 5 井)和碳酸钠钙石(艾克 1 井)。

(a) 季节性纹层泥岩，风南1井　　(b) 天然碱，风20井　　(c) 天然碱，风南5井

(d) 苏打石岩，风南5井　　　　　　(e) 盐质泥岩，艾克1井

图 4-2　风城组烃源岩系中发现的碱性矿物

2）发现丰富的微生物和黄铁矿

丰富的微生物是碱湖区别于常见硫酸盐盐湖的一个重要特征，由此也会形成一些典型的伴生成岩矿物，如黄铁矿等。如图 4-3，在风城组烃源岩系中，除了发现典型形成于碱湖环境中的碳酸盐矿物白云石外，还发现了众多的球状微生物和草莓状黄铁矿。

3）地球化学证据

地球化学方面的证据包括有机和无机地球化学两方面，目前主要发现的是生物标志物，而其他方面，特别是无机地球化学方面的证据正在系统进行中。如图 4-4，风城组烃源岩和储层抽提物的生物标志物经地球化学分析发现，有机质呈碱湖沉积具有强还原和高盐度特征，典型指标表现为姥植比 Pr/Ph 普遍小于 1.0，高丰度胡萝卜烷系列、伽马蜡烷指数(伽马蜡烷/C_{30}藿烷)普遍大于 0.3，最高可近 2.0，三环萜烷 C_{20}、C_{21}、C_{23} 呈上升型(妥进才等，1993；Horsfield et al.，1994)。此外，丰富的藿烷类化合物的检出表明了大量微生物的存在，其 $C_{31} \sim C_{35}$ 藿烷不存在翘尾巴现象，这与常见盐湖(硫酸盐湖)优质烃源岩的特征有些不同(C_{34}/C_{35}升藿烷高于 C_{32}/C_{33}升藿烷)(朱光有等，2004)。

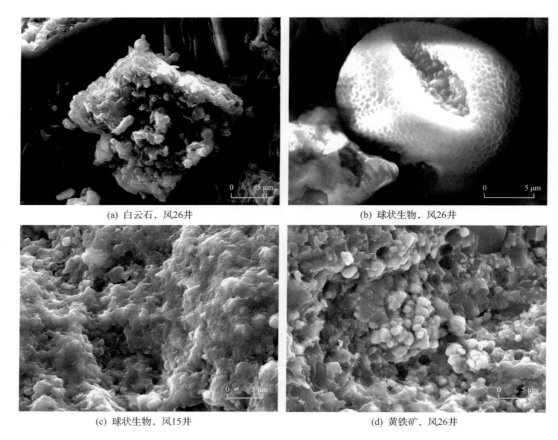

(a) 白云石，风26井　　　　　　　　　(b) 球状生物，风26井

(c) 球状生物，风15井　　　　　　　　(d) 黄铁矿，风26井

图 4-3　风城组烃源岩系中发现的碱湖沉积矿物与微生物

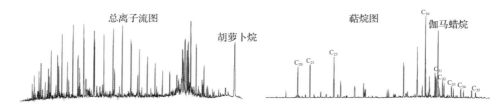

图 4-4　风城组烃源岩典型生物标志物组成特征（风 5 井）

4.1.2　风城组碱湖烃源岩生烃特征

准噶尔盆地玛湖凹陷风城组烃源岩具有独特生烃特征，主要表现为油多气少、转化率高、连续生烃、多期高峰、生油窗长及油质轻等，不同于传统的湖相优质烃源岩，以下从烃源岩人工剖面、自然剖面和油气特征标定 3 个方面阐述。

1. 烃源岩人工剖面

选择研究区风南 1 井 4096.44m 处样品进行烃源岩的黄金管热模拟，从烃源岩人工剖面正演角度查明生烃演化及其特征,样品原岩有机碳含量为 1.82%,氢指数(HI)为 506mg/g TOC,热解峰温为 440℃。结果发现,风城组碱湖优质烃源岩的累计产烃特征表现为:两期生油高峰[图 4-5(a)],第一期高峰为成熟油,在镜质体反射率 1.0% 左右,第二期高峰为高熟油,镜质体反射率 1.6% 左右;生气高峰出现较晚,在演化到镜质体反射率 2.5% 左右时达到生气的峰值[图 4-5(b)]。最高累计产油率大,约为 500mg/g TOC。一次排油率高,在镜质体反射率达到 1.6% 时,排油效率超过 80%,故剩余有机碳含量很低,从而生气量、排气量及排气效率都很低。在油气性质上,风城组碱湖烃源岩所生原油以轻质油为主要特征,无论在成熟还是高成熟演化阶段,生物标志化合物均表现为含有高丰度的三环萜烷类化合物[图 4-5(c)、图 4-5(d)]。这种生烃独特性合理解释了目前研究区的油气特征,包括原油多期成藏、主体是轻质原油、油气发现油多气少、烃源岩在演化到镜质体反射率 1.6% 左右仍以产油为主及生油量大等。

目前研究区的油气特征与传统盐湖相烃源岩的成烃演化特征存在巨大差异,与准噶尔盆地优质咸水湖相烃源岩芦草沟组相比,尽管排油率高而使得油多气少的特征类似,但在生油演化特征上,风城组在镜质体反射率演化到 1.5% 时仍处于生油高峰期,比芦草沟组的累计生油高峰结束时间(镜质体反射率 1.2%)更晚[图 4-5(e)](马哲等,1998;杜宏宇等,2003),体现了碱湖优质烃源岩的优势和独特性;在生气量方面,风城组在镜质体反射率演化到 2.5% 时处于主力生气窗,与芦草沟组的生气特征对比[图 4-5(f)],二者基本相当;在产烃率方面,二者基本接近;在油气性质方面,在成熟演化阶段,风城组所生原油以轻质为主,而芦草沟组所生原油较重,在高成熟演化阶段,风城组和芦草沟组所生原油均以高熟轻质为特征[图 4-5(g)、图 4-5(h)],但风城组原油三环萜烷类相对丰度更高,所生原油更为轻质,油气性质更好。

2. 烃源岩自然剖面

玛湖凹陷风城组碱湖烃源岩分布稳定,累计厚度超过 200m,这为生烃提供了良好的物质基础(李新兵等,2000;王绪龙等,2000;陈建平等,2001)。有机地球化学分析发现,风城组烃源岩有机碳含量大多达到了中等-优质标准[图 4-6(a)],因此生烃的物质基础不存在问题[图 4-6(a)、图 4-6(b)],这与目前研究区已建成的大油气区发现相符。从有机质类型来看,风城组整体有机质类型偏腐泥型[图 4-6(c)],更倾向于生油,这与目前研究区所发现的油多气少特征相符。从有机质的成熟度看,目前所分析的样品大多处于低成熟—成熟演化阶段[图 4-6(d)],但凹陷区的烃源岩成熟度较高。综合来看,风城组烃源岩有机质丰度高,类型以生油为主,成熟度在凹陷区进入成熟-高成熟演化阶段,有良好的生烃潜力,具备大油气田形成的条件。实际上,盐(碱)湖相烃源岩通常会由于环境因子对有机质的保护与抑制作用,而使得测得的有机地球化学参数偏低(妥进才等,1994),所以风城组的实际生烃潜力可能远比从地球化学指标上看到得好,这也是为何风城组含油气系统的勘探发现要远比根据烃源岩指标所评估的资源量高的原因。

进一步对自由烃 S_1 与有机碳含量的关系进行分析,建立了 S_1 与有机碳含量的烃源岩人工剖面,来分析风城组烃源岩的产烃能力[图 4-6(e)],风城组烃源岩大致存在 3 期生油高峰:第一次在埋深 3500m 左右,产烃量达到 470mg/g TOC;第二次高峰在埋深 4500m

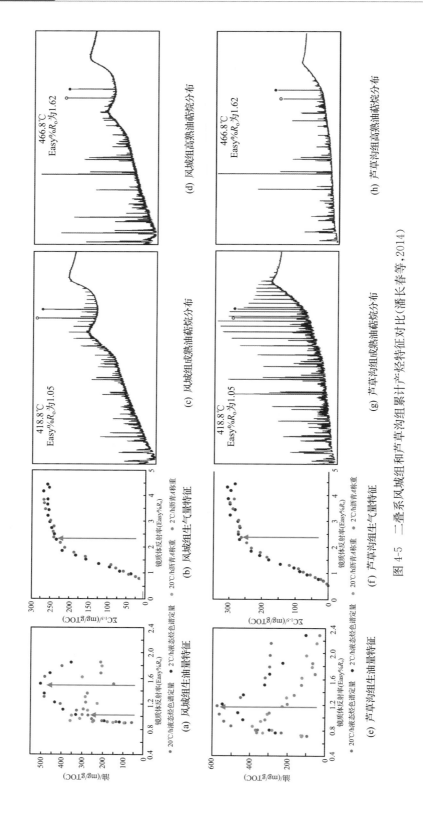

图 4-5 二叠系风城组和芦草沟组累计产烃特征对比（潘长春等，2014）

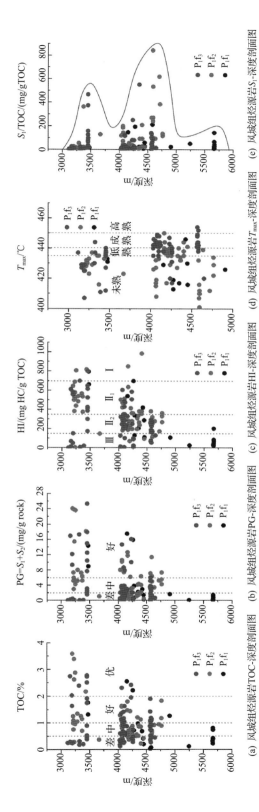

图 4-6 玛湖凹陷风城组烃源岩有机地球化学剖面

(a) 风城组烃源岩TOC-深度剖面图 (b) 风城组烃源岩PG-深度剖面图 (c) 风城组烃源岩HI-深度剖面图 (d) 风城组烃源岩T_{max}-深度剖面图 (e) 风城组烃源岩S_1-深度剖面图

左右,产烃量达到 800mg/g TOC;第三次在埋深 5700m 附近,产烃量达到 200mg/g TOC。与烃源岩的热模拟累计产油剖面对比,发现 3 期生油高峰分别对应镜质体反射率为 0.8%、1.3%、1.5% 的成熟、高成熟和晚期高成熟油峰,表现出不同于传统湖相优质烃源岩的生烃特点(胡见义和黄第藩,1991;王建宝等,2003;李洪波等,2008;陈建平等,2014)。其中,第二期成熟与第三期高熟油峰均可在烃源岩的人工模拟剖面中找到对应的峰,而最早期的低成熟油峰因无合适的低演化烃源岩样品而未能在人工模拟剖面中找到。

3. 油气特征标定

根据目前的勘探现状,准噶尔盆地玛湖凹陷油多气少特征明显,这与前述烃源岩人工热模拟的实验结果吻合。玛湖凹陷区现今发现了多种性质的原油,包括密度小于 0.80g/cm³ 的凝析-轻质原油、密度 0.80～0.84g/cm³ 的轻质原油、密度 0.84～0.87g/cm³ 的轻质原油及密度大于 0.87g/cm³ 的中质原油(图 4-7),这反映生油窗长,并且在玛湖凹陷内部,风城组烃源岩镜质体反射率超过 1.5%,仍然以生油为主(图 4-7),这些也与人工热模拟的实验结果吻合,而与传统认识的湖相优质烃源岩生烃特征差异明显。

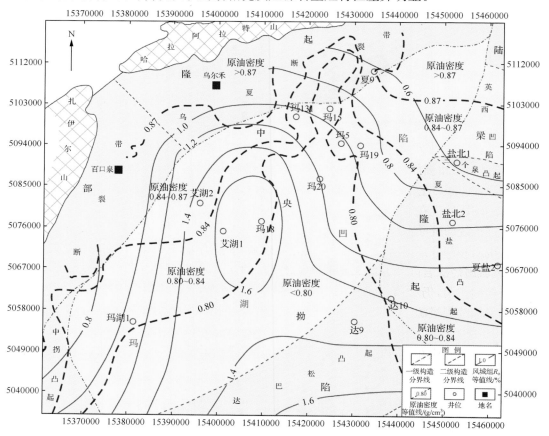

图 4-7　玛湖凹陷三叠系百口泉组原油密度分布图

具体而言,对于所生原油的性质,除烃源岩刚刚进入生油窗时(镜质体反射率 0.6%)形成的一期少量相对低成熟度的原油外(密度大于 0.87g/cm³),凹陷内的原油密度大多低于 0.87g/cm³,表现为轻质(图 4-7)。对原油生物标志化合物的分析也发现,分布在不同构造单元的原油,无论三环萜烷分布形式是山峰形、山谷形还是上升形,其三环萜烷相对含量均较高,表现出典型的轻质油特点(罗明霞等,2016)。

此外,多方证据表明,玛湖凹陷内部存在多期成藏,成熟-高成熟油气连续运聚,如储集层显微观测发现,蓝光激发下的薄片可观察到亮黄色和黄绿色两种不同的荧光色;储集层连续抽提物和原油成熟度不同,原油已经达到高成熟阶段,而抽提物成熟度相对较低;结合储集层包裹体均一温度分析,发现高成熟和成熟油气充注主要是在白垩纪和三叠纪末。这一油气连续充注特征与烃源岩的多期生烃相吻合。

4. 成烃演化特征

通过以上烃源岩人工剖面、自然剖面及油气特征标定等 3 方面的分析,可以恢复风城组碱湖白云质混积岩的连续多期生烃过程,其大致可以分为 4 个阶段(图 4-8)。

第一阶段发生在早期成岩作用阶段,烃源岩镜质体反射率值在 0.6% 左右,此时有机质成熟度相对较低。有机质可能由于碳酸盐矿物对类脂物分子聚合作用的抑制形成大分子化合物,进而通过解聚形成沥青(李延钧等,1999)。这类原油油质普遍中等,加之碱湖微生物普遍发育,且由于埋藏相对较浅,原油普遍遭受降解,原油密度较大,不易流动(密度大多超过 0.87g/cm³),因此大多在风城组中驻留,表现为源储共生的致密油特征(曹剑等,2015)。

第二阶段发生在成岩作用中期,在烃源岩镜质体反射率 0.8% 左右达到生烃高峰,有机质达到成熟阶段。干酪根在热力的作用下,开始大量降解,生成大量成熟油。此时烃源岩埋深达到 3500m 左右,原油保存条件较好,顺着走滑断裂,进入三叠系和二叠系不整合面上、下的扇三角洲前缘相有利储集层中聚集成藏(雷德文等,2014)。此期原油生烃期可延续到 $R_o=1.1\%$ 左右,即烃源岩热模拟中的第一个累计生烃高峰。

第三阶段发生在成岩作用晚期,烃源岩镜质体反射率达到 1.3% 左右,高熟油开始形成。根据传统的碳酸盐有机质演化理论,此时干酪根的生烃潜力应已大部分耗尽,只能由包裹有机质和部分束缚有机质继续提供烃类来源(李延钧等,1999)。但实际上,根据实验结果,风城组烃源岩因为大量藻类优质生烃母质的存在,加之碱性矿物对烃类生成及伴生超压的抑制作用,仍然以生油为主,与早期形成的原油混合后,油质更好、更轻。此期原油生烃期可延续到烃源岩镜质体反射率 1.5% 左右,即烃源岩热模拟中的第二个累计生烃高峰。

第四阶段发生在深成岩至变质作用阶段,为热裂解气阶段,在烃源岩镜质体反射率 2.5% 左右达到生气高峰期,有机质处于过成熟演化阶段。残余的干酪根热裂解,生成甲烷干气,高成熟阶段也存在液态烃和干酪根热裂解形成湿气。

综上所述,风城组碱湖白云质混积岩的生烃表现出油多气少、多期生烃、连续生烃、产烃量大等独特特征,这些都有别于传统的湖相烃源岩。与传统湖相烃源岩相比,首先是主体产油,生气量较小;其次为存在低成熟、成熟、高成熟 3 个高峰,特别是后两个高峰,产烃

（油）量很大；第三，连续生烃，自低成熟至高成熟演化阶段，一直在持续生烃；第四，产油量大，最高可至 800mg/g TOC。

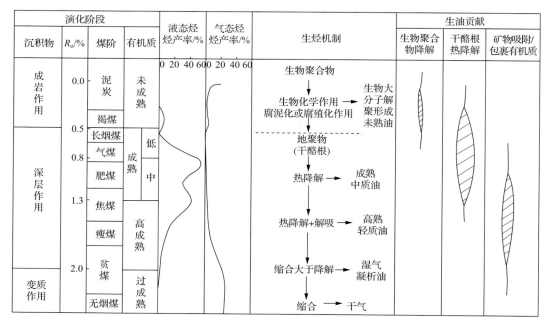

图 4-8　风城组成烃演化和特征机理

4.1.3　风城组碱湖烃源岩生烃机理

如上所述，风城组碱湖云质优质烃源岩具有鲜明的成烃演化特征，使之区别于传统的湖相优质烃源岩，这种特异性从本质上讲就是烃源岩的有机（生烃母质）和无机（矿物）组成。

1. 生烃母质

风城组烃源岩的生烃母质总体特征是以藻菌类为主（图 4-9）。风城组碱湖沉积演化过程中，在气候周期性变化的潮湿期，湖盆水体扩大相对淡化时，发育疑源类的网面球藻、光面球藻［图 4-9（a）］和绿藻门的盘星藻［图 4-9（b）］、褶皱藻［图 4-9（c）］等；在气候干燥炎热期，水体盐度升高咸化，发育沟鞭藻类的弗罗姆藻与锥藻等；在水体由淡向咸演变的过渡阶段，既有网面球藻等，也有沟鞭藻类。相较于藻类，风城组在整个沉积过程中细菌［图 4-9（d）］普遍发育。

多种生烃母质，特别是细菌的存在，使得生烃以早期生烃、持续生烃及所生烃类性质好为特征（Lopez-Garcia et al.，2005），这不同于传统盐湖。生烃母质中，高等植物丰度低，导致干酪根裂解生气潜力有限，导致生烃过程表现出油多气少的特点，但从油的演化角度讲，在高成熟—过成熟演化阶段，有生成油裂解气潜力（李延钧等，1999）。以藻菌类为主的生烃母质，生烃转化率高，到达生油窗后大量生油，造成烃源岩的高压，抑制生烃拉长生油窗(Hao et al.，1995；Zou and Peng，2001)。藻菌类为主的生烃母质含大量脂肪链(陈建平等,2006),碳碳键断裂生成油气比贫氢的杂原子断裂需要更高的能量,在生烃后期也起到了降低生烃速度延滞生烃的作用,这可能是风城组烃源岩存在晚期生油高峰的重要原因。

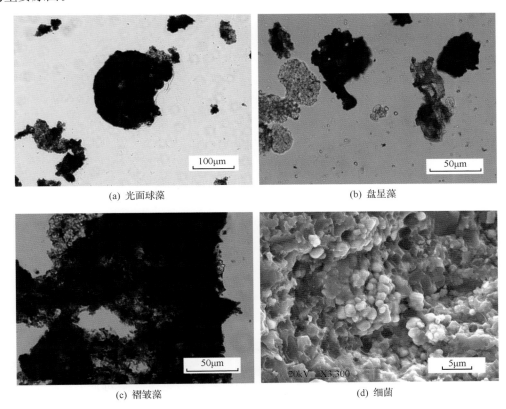

(a) 光面球藻

(b) 盘星藻

(c) 褶皱藻

(d) 细菌

图 4-9　风城组生烃母质组成特征

2. 无机矿物

在无机矿物组成上,风城组烃源岩矿物组合复杂,主要由碳酸盐(碱类)矿物、长英质矿物、黏土矿物及火山凝灰质矿物等 4 个端元以不同比例混积形成。在碱湖沉积的高峰期,发育大量特殊的碱类矿物,如苏打石、氯化镁钠石、碳酸钠钙石及硅硼钠石等(曹剑等,2015)。碱类矿物和火山凝灰质矿物对烃源岩的生烃过程起到了延滞和催化的特殊作用。

火山凝灰质类矿物与藻类及微生物共生,埋藏热演化过程中降低生烃活化能,使得烃源岩可以早期成烃(郭占谦,2002)。相比而言,碱类白云质矿物亲油(宗丽平等,2005),原油中的重质组分易被矿物吸附,因此一方面排出油轻质,另一方面对生烃也起到了延滞作用,油窗拉长,出现第二个生烃高峰。

总之,玛湖凹陷风城组碱湖烃源岩具有特别的生烃特征和机理(图 4-8),这是克-乌和玛湖两大百里大油区得以形成的根本原因。

4.2 石炭系—二叠系烃源岩基础地球化学特征

如前所述,玛湖凹陷研究区除了发育风城组碱湖优质烃源岩外,还可能有石炭系、下二叠统佳木河组和中二叠统下乌尔禾组这 3 套潜在烃源岩,本节介绍这 4 套烃源岩的基本地球化学特征,主要包括机质丰度、类型和成熟度等。

4.2.1 烃源岩分布

在过去,玛湖凹陷石炭系—二叠系的 4 套烃源岩因为勘探程度低及地震剖面质量不高,导致它们在研究区的分布态势并不清楚。最近,通过最新的地震剖面解释,发现它们在研究区稳定分布(图 4-10、图 4-11),这说明可能存在多套烃源岩系。从岩性上看,石炭系以凝灰质泥岩为主,而其他 3 套均以泥岩为主,并且相对而言,因构造沉积演化的继承性,佳木河组泥岩中也含有一些火山碎屑成分(王绪龙和康素芳,2001;胡文瑄等,2006;王绪龙等,2013)。

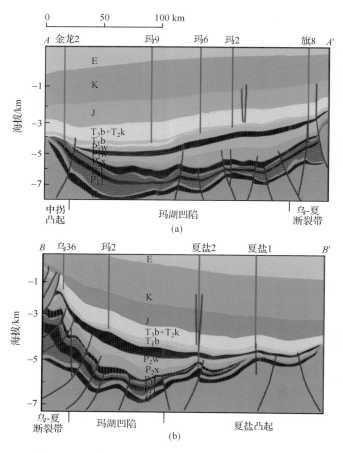

图 4-10 玛湖凹陷石炭系—二叠系烃源岩分布示意图

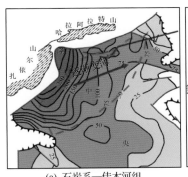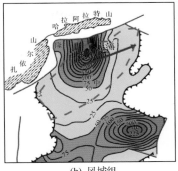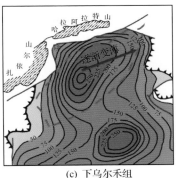

(a) 石炭系—佳木河组　　　　　(b) 风城组　　　　　　(c) 下乌尔禾组

图 4-11　玛湖凹陷石炭系—二叠系烃源岩系等厚图(单位：m)

4.2.2　有机质丰度

　　烃源岩的有机质丰度是油气生成的物质基础,常见判识指标参数包括总有机碳含量(TOC)、岩石热解中的生烃潜量(PG＝S_1＋S_2)、氯仿沥青"A"含量及总烃含量(HC)等(黄第藩和李晋超,1982;陈建平等,2014)。实际研究中,不同指标之间并不总是一致,有时会出现矛盾现象。在一些情况下,高 TOC 并不总代表烃源岩生烃潜力好,如高等植物通常具有高 TOC 含量,但其有机质类型通常较差,因此生烃潜力并不一定像 TOC 一样反映的高;此外,当有机质演化热演化程度较高时,也会出现高 TOC 但生烃潜力却较低的情况。因此在实际工作中,烃源岩的有机质丰度评价需要多指标综合判析(黄第藩和李晋超,1982;陈建平等,2014)。

　　如表 4-1 及图 4-12 所示,在准噶尔盆地玛湖凹陷研究区,根据 TOC 平均值和达到好质量标准(大于 1.0%)样品的数量和比例,石炭系达到好质量标准(大于 1.0%)烃源岩样品占 54%;佳木河组达到好质量标准(大于 1.0%)烃源岩样品占 64%,但其样品数量较少,且多数含凝灰质;风城组达到好质量标准(大于 1.0%)烃源岩样品占 64%,且样品数量最多;下乌尔禾组达到好质量标准(大于 1.0%)烃源岩样品所占其样品比例最低,仅 39%。因此,4 套潜在烃源岩的有机质丰度平均值高低顺序依次为石炭系、风城组、佳木河组及下乌尔禾组,但达到好质量烃源岩的比例有所不同,依次为风城组、佳木河组、石炭系及下乌尔禾组。

　　相比而言,PG、氯仿沥青"A"及 HC 等参数与 TOC 判识存在一定差异(表 4-1、图 4-12)。其中 PG 中仅风城组达到好质量标准(大于 6.0mg/g)的占其样品 32%,其余 3 套潜在烃源岩达到好质量标准(大于 2.0mg/g)的均占其样品 10%以下。氯仿沥青"A"及 HC 与 PG 判识相似,氯仿沥青"A"中除风城组达到好质量标准(大于 0.1%)的占其样品 90%,石炭系、佳木河组、下乌尔禾组达到好质量标准(大于 0.1%)的占其样品均未超过 10%;HC 中风城组达到好质量标准(大于 500×10^{-6})的占其样品 94%,其余 3 套潜在烃源岩达到好质量标准(大于 500×10^{-6})的也均占其样品 10%以下。结合图 4-13,发现风城组氯仿沥青"A"、HC 以及 PG 与 TOC 相关性最好,而石炭系、佳木河组及下乌尔禾组这 3 套

表 4-1　玛湖凹陷石炭系—二叠系 4 套潜在烃源岩基础有机地球化学特征

地球化学参数		下乌尔禾组 （P₂w）	风城组 （P₁f）	佳木河组 （P₁j）	石炭系 （C）
TOC/%	分布范围 （样品数）	0.51～3.28 (28)	0.51～3.19 (85)	0.50～2.19 (21)	0.52～4.94 (50)
	平均值	1.09	1.20	1.19	1.42
PG/(mg/g)	分布范围 （样品数）	0.06～12.57 (23)	0.28～18.31 (85)	0.06～1.11 (20)	0.07～6.40 (50)
	平均值	1.57	5.15	0.51	0.72
氯仿沥青"A"/%	分布范围 （样品数）	0.0045～0.1279 (10)	0.0151～0.8179 (40)	0.0019～0.1807 (16)	0.0035～0.1676 (39)
	平均值	0.0259	0.03118	0.0231	0.00218
HC/10⁻⁶	分布范围 （样品数）	23.66～1050.31 (6)	400.45～6016.11 (16)	6.40～1305.19 (9)	23.80～418.18 (8)
	平均值	256.37	2567.06	176.07	141.0306
δ¹³C/‰	分布范围 （样品数）	−25.5～−20.2 (13)	−27.9～−24.2 (37)	−23.1～−21.1 (12)	−24.6～−20.8 (2)
	平均值	−22.5	−26.0	−22.1	−22.3
H/C	分布范围 （样品数）	0.51～0.55 (3)	0.86～1.49 (30)	80.33～0.6 (14)	0.43～0.98 (30)
	平均值	0.53	1.19	0.55	0.66
O/C	分布范围 （样品数）	0.05～0.06 (3)	0.02～0.22 (30)	0.03～0.21 (14)	0.04～0.45 (30)
	平均值	0.05	0.07	0.08	0.11
HI/(mg/g)	分布范围 （样品数）	7.89～468.42 (22)	23.08～576.60 (85)	1.35～97.17 (20)	0.63～144.144 (50)
	平均值	91.84	272.536	37.15	38.35
Rₒ/%	分布范围 （样品数）	0.79～1.40 (14)	0.56～1.14 (12)	0.59～1.63 (14)	0.54～1.38 (8)
	平均值	0.98	0.80	0.93	0.90
Tmax/℃	分布范围 （样品数）	402～494 (23)	391～479 (84)	408～453 (20)	384～506 (48)
	平均值	440	433	443	451
C₂₉甾烷 20S/(20S+20R)	分布范围 （样品数）	0.27～0.57 (9)	0.14～0.48 (18)	0.30～0.44 (14)	0.12～0.50 (34)
	平均值	0.41	0.43	0.35	0.38
C₂₉甾烷 ββ/(20S+20R)	分布范围 （样品数）	0.22～0.58 (9)	0.15～0.61 (18)	0.34～0.49 (14)	0.20～0.54 (34)
	平均值	0.41	0.49	0.41	0.39

潜在烃源岩 PG、氯仿沥青"A"及 HC 与 TOC 相关性较差,也反映这三套烃源岩样品的有机质类型较差或热演化程度较高(黄第藩和李晋超,1982;陈建平等,2014)。

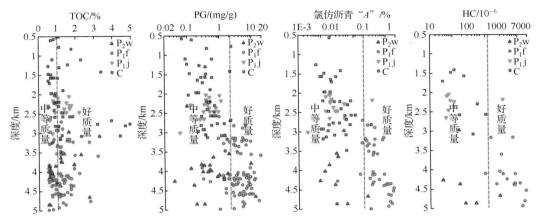

图 4-12　玛湖凹陷石炭系—二叠系 4 套潜在烃源岩有机质丰度基础地球化学柱状图

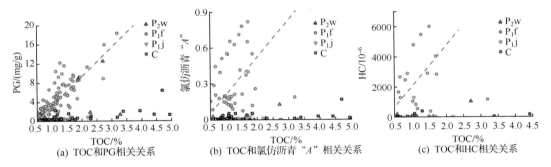

图 4-13　玛湖凹陷石炭系—二叠系 4 套潜在烃源岩有机质类型分布图

综上所述,研究区 4 套烃源岩系泥岩均具备较高有机质丰度,尤其以风城组为最佳,这为生烃奠定了良好的物质基础。然而相对于风城组,其他 3 套潜在烃源岩有机质类型可能较差或有机质成熟度过高。

从平面上看,以数据较多的风城组和下乌尔禾组为例,如图 4-14,风城组有机碳含量在玛湖凹陷中央达到最大值,下乌尔禾组有机碳含量在玛湖地区最大值中心也在玛湖凹陷中央,并且两者之间有着共同规律,即越往北走,有机碳含量越低。图 4-15 为有机岩石学方面证据,与其结果一致。与此同时,越往北烃源岩厚度越小(图 4-11),相对而言,玛湖凹陷中心厚度最大。因此,从有机质丰度及厚度上来看,玛湖凹陷具备好质量烃源岩,尤其是目前勘探程度较低的玛湖凹陷中心区域。

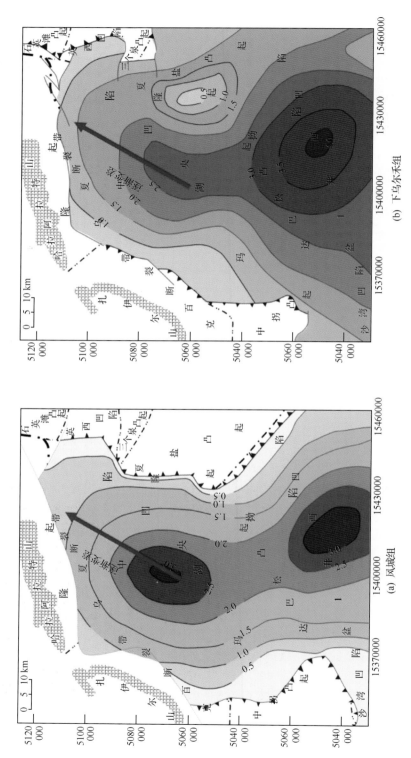

图 4-14 玛湖凹陷风城组和下乌尔禾组潜在烃源岩系有机碳丰度等厚图(单位: %)

(a) 风城组　　　　(b) 下乌尔禾组

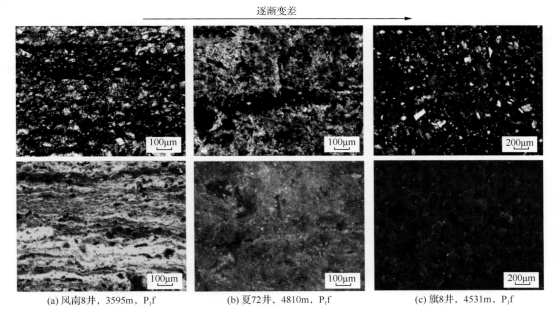

逐渐变差

(a) 风南8井，3595m，P₁f   (b) 夏72井，4810m，P₁f   (c) 旗8井，4531m，P₁f

图 4-15 玛湖凹陷风城组烃源岩系有机岩石学照片

上面为透射光照片，下面为荧光照片

4.2.3 有机质类型

烃源岩的有机质丰度是生烃的物质基础，而有机质类型则很大程度上影响并决定着所生烃的性质、组成及量的大小。本次工作从有机岩石学、基础有机地球化学及生物标志化合物等三方面展开综合分析（黄第藩和李晋超，1982；黄第藩等，1984；Golyshev et al.，1991；王万春等，1997）。

如图 4-16，根据有机岩石学特征，可将研究区石炭系—二叠系 4 套潜在烃源岩总体分为两类。第一类风城组烃源岩有机质的来源以菌藻类为主，类型偏腐泥型，因此应以生油为主。第二类石炭系、佳木河组与下乌尔禾组潜在烃源岩属于双源母质输入，反映当时可能受环境影响，有大量陆源高等植物输入，因此有机质类型偏混合型，故既可生油也可生气（黄第藩和李晋超，1982；黄第藩等，1984），这与前述通过有机质丰度评价指标所反映的特征和认识一致。

岩石中的氢指数 HI、碳同位素、干酪根氢碳原子比与氧碳原子比是评价有机质类型的主要地球化学参数。如表 3-1 与图 4-17，石炭系样品按氢指数 HI 划分，Ⅲ₁ 型（100～150mg/g）样品占 6%，Ⅲ₂ 型（小于 100mg/g）样品占 94%；佳木河组样品按氢指数 HI 划分均属于 Ⅲ₂ 型（小于 100mg/g）；风城组样品按氢指数 HI 划分，Ⅱ₁ 型（400～700mg/g）样品占 14%，Ⅱ₂ 型（150～400mg/g）样品占 68%，Ⅲ₁ 型（100～150mg/g）样品占 12%，Ⅲ₂ 型（小于 100mg/g）样品占 6%；下乌尔禾组样品按氢指数 HI 划分，Ⅱ₁ 型（400～700mg/g）样品占 5%，Ⅱ₂ 型（150～400mg/g）样品占 9%，Ⅲ₁ 型（100～150mg/g）样品占 9%，Ⅲ₂ 型（小于 100mg/g）样品占 77%。综上所述，单纯依据 HI 判识存在一定误差，再结合 HI 与 T_{max} 相关图，风城组有机质类型主要为Ⅱ型，少量为Ⅲ型与Ⅰ型，表现为倾油特征；石炭系、佳木河组、下乌尔禾组主要为Ⅲ型，仅少量下乌尔禾组与石炭系样品为Ⅱ型。

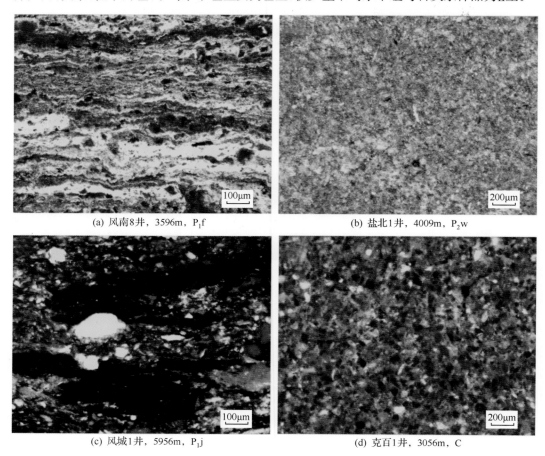

(a) 风南8井，3596m，P_1f　　　　　　(b) 盐北1井，4009m，P_2w

(c) 风城1井，5956m，P_1j　　　　　　(d) 克百1井，3056m，C

图 4-16　玛湖凹陷石炭系—二叠系 4 套潜在烃源岩系泥岩有机岩石学照片

有机质稳定碳同位素主要取决于有机质的来源，受热演化作用影响较小。因此，干酪根碳同位素在成烃演化阶段尤其是高演化阶段也是反映烃源岩有机质类型的一项重要有效参数。结合表 3-1 与图 4-18，石炭系干酪根碳同位素依据碳同位素划分有机质类型判识石炭系与佳木河组均以Ⅲ₂型（大于−23‰）为主，含少量Ⅲ₁型（−25‰～−23‰）；风城组干酪根碳同位素依据碳同位素划分有机质类型判识风城组以Ⅱ₂型（−27‰～−25‰）为主，含少量Ⅱ₁型（−30‰～−27‰）与Ⅲ₁型（−25‰～−23‰）；下乌尔禾组干酪根碳同位素依据碳同位素划分有机质类型判识以Ⅲ₂型（大于−23‰）为主，含少量Ⅲ₁型（−25‰～−23‰）与Ⅱ₂型（−27‰～−25‰）。综合上述，依据干酪根碳同位素判识，风城组有机质类型以Ⅱ型为主，少量样品为Ⅲ型；石炭系、佳木河组、下乌尔禾组有机质类型主要为Ⅲ型，仅下乌尔禾组少量样品为Ⅱ型。这与上述岩石热解氢指数判识基本一致。

干酪根氢碳原子比与氧碳原子比反映了干酪根的化学性质。如图 4-18，根据氢碳原子比与氧碳原子比相关性，风城组有机质类型以Ⅱ型为主，少量样品落入Ⅲ型区域；石炭

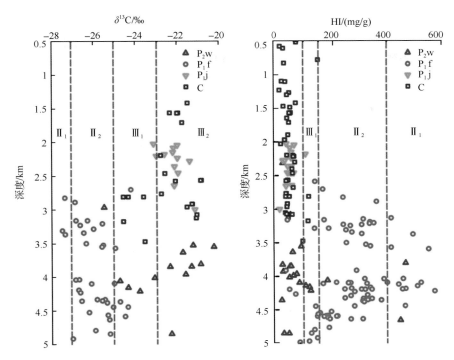

图 4-17　玛湖凹陷石炭系—二叠系 4 套潜在烃源岩有机质类型基础地球化学柱状图

系、佳木河组、下乌尔禾组有机质类型主要为Ⅲ型,但有少量石炭系样品落入Ⅱ型区域,判识结果与上述各参数基本一致。

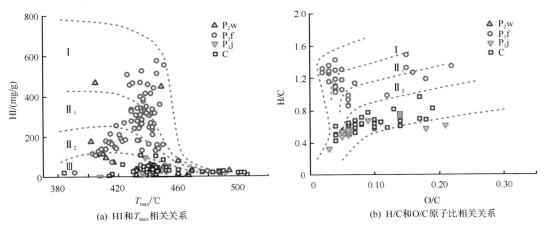

(a) HI和T_{max}相关关系　　　　　　　　　　(b) H/C和O/C原子比相关关系

图 4-18　玛湖凹陷石炭系—二叠系 4 套潜在烃源岩有机质类型分布图

　　此外,生物标志物多用于判断有机质来源及生成环境(Moldowan et al.,1986;孟仟祥等,1999;刘全有等,2004;Peters et al.,2005)。准噶尔盆地玛湖地区石炭系—二叠纪暗色泥岩中检测出了丰富的链烷烃和甾萜烷系列,常见用来反映有机质生源和沉积环境的典型参数指标如表 4-2。

表 4-2 玛湖凹陷石炭系—二叠系 4 套潜在烃源岩生标指标一览表

井号	样品深度/m	层位	岩性	主峰碳	Pr/Ph	$\Sigma C_{21}^-/\Sigma C_{22}^+$	OEP	三环萜烷主峰/五环三萜烷主峰	C_{29}-20S/(20S+20R)	C_{29}-ββ/(αα+ββ)	C_{27}规则甾烷/%	C_{28}规则甾烷/%	C_{29}规则甾烷/%
夏盐2	4849.23	P₂w	灰色粉砂质泥岩	/	/	/	/	/	0.51	0.57	28.3	24.63	46.98
玛9	3845	P₂w	深灰色粉砂质泥岩	/	/	/	/	/	0.46	0.23	32.5	24.42	43.09
夏盐2	4849.2	P₂w	灰黑色泥岩	23	0.83	3.20	1.12	1.19	0.47	0.58	27.2	35.24	37.56
克76	2964.6	P₂w	深灰色泥岩	/	1.38	2.12	1.08	/	/	/	/	/	/
艾参1	4252	P₂w	灰黑色泥岩	20	1.38	5.92	1.03	0.27	0.38	0.42	18.4	33.88	47.72
金探1	4656.73	P₂w	深灰色泥岩	21	1.55	0.75	1.16	0.14	0.57	0.54	23.5	30.49	46.05
艾参1	4355.6	P₂w	深灰色泥岩	20	1.67	10.69	0.95	0.45	0.41	0.48	22.9	30.72	46.39
玛2	3530	P₂w	深灰色泥岩	/	1.87	4.18	0.89	/	/	/	/	/	/
玛005	3552.8	P₂w	灰色砂质泥岩	20	1.99	1.18	1.01	0.12	0.27	0.22	16.8	12.90	70.34
玛004	3635.14	P₂w	灰黑色砂质泥岩	21	2.23	0.99	1.03	0.17	0.36	0.34	31.3	14.21	54.53
盐北1	4008.01	P₂w₃	深灰色泥岩	21	0.87805	1.16226	1.10345	0.12833	0.26659	0.34103	1.4	38.8639	59.6874
克80	4448	P₁f	岩屑	/	/	/	/	0.09	0.43	0.51	6.5	36.36	57.17
风南7	4616	P₁f	荧光灰色白云质泥岩	23	0.60	/	/	0.42	0.46	0.60	11.5	35.87	52.62
风南1	4231.8	P₁f	白云质泥岩	21	0.62	2.24	0.78	/	/	/	/	/	/
风南8	3595.34	P₁f	深灰色白云质泥岩	23	0.66	0.91	1.18	0.47	0.41	0.26	6.4	42.80	50.82
风南7	4920	P₁f	深灰色白云质泥岩	23	0.66	0.45	1.23	2.35	0.45	0.59	11.6	33.11	55.25
风南7	4634	P₁f	荧光灰色白云质泥岩	23	0.68	/	/	0.50	0.44	0.57	10.4	37.84	51.74
风南7	4796	P₁f	灰色灰质泥岩	23	0.71	/	/	1.43	0.45	0.60	12.5	35.27	52.24
风南7	4848	P₁f	深灰色灰质泥岩	23	0.72	/	/	2.80	0.48	0.61	14.4	34.28	51.33
风5	3190.37	P₁f	灰色白云质泥岩	29	0.72	0.33	/	0.06	0.14	0.15	2.2	56.86	40.91
风南7	4526	P₁f	荧光深灰色白云质泥岩	23	0.72	/	/	0.64	0.45	0.60	11.8	35.34	52.89
风南7	4354	P₁f	深灰色白云质泥岩	23	0.73	/	/	0.20	0.46	0.48	7.6	37.50	54.93

续表

井号	样品深度/m	层位	岩性	主峰碳	Pr/Ph	$\sum C_{21}^-/\sum C_{22}^+$	OEP	三环萜烷主峰/五环三萜烷主峰	C_{29}-20S/(20S+20R)	C_{29}-ββ/(αα+ββ)	C_{27}规则甾烷/%	C_{28}规则甾烷/%	C_{29}规则甾烷/%
风南 2	4040.85	P₁f	白云质泥岩	23	0.74	0.79	0.83	/	/	/	/	/	/
风南 2	4101.1	P₁f	白云质泥岩	23	0.74	0.87	0.82	/	/	/	/	/	/
风南 1	4336.96	P₁f	白云质泥岩	23	0.78	0.67	1.17	/	/	/	/	/	/
风南 7	4986	P₁f	灰色白云质泥岩	23	0.79	0.71	0.88	2.48	0.45	0.59	12.4	34.57	53.02
风南 1	4357.51	P₁f	白云质泥岩	23	0.79	1.38	0.90	/	/	/	/	/	/
风南 2	4099.58	P₁f	灰色白云质泥岩	23	0.80	0.84	0.00	0.21	0.43	0.41	6.00	39.26	54.74
风南 1	4446	P₁f	深灰色白云质泥岩	23	0.83	/	/	0.35	0.45	0.58	10.7	34.41	54.85
风南 7	4037.84	P₁f	灰绿色白云质泥岩	23	0.85	1.33	1.14	0.21	0.45	0.35	5.77	40.96	53.27
风南 2	4266	P₁f	深灰色泥岩	21	0.85	0.52	1.20	0.39	0.45	0.54	10.58	34.44	54.98
风南 7	4336	P₁f	深灰色白云质泥岩	21	0.90	0.52	1.12	0.27	0.46	0.47	7.66	37.26	55.08
风 7	3151.86	P₁f	黑灰色泥岩	21	0.91	1.08	0.85	/	/	/	/	/	/
风南 1	4194.27	P₁f	白云质泥岩	23	0.92	1.31	1.10	/	/	/	/	/	/
风南 7	4384	P₁f	深灰色白云质泥岩	23	0.94	/	/	0.30	0.45	0.51	8.61	35.69	55.71
风南 1	4369.43	P₁f	白云质泥岩	21	0.95	0.76	1.17	0.13	0.46	0.47	4.76	38.25	57.00
风南 7	4292	P₁f	深灰色白云质泥岩	21	0.96	0.54	1.07	/	/	/	/	/	/
风南 1	4095.17	P₁f	白云质泥岩	23	1.12	0.87	1.08	0.32	0.43	0.48	20.78	26.30	52.92
风城 1	5956.12	P₁j	碳质泥岩	23	0.67	0.30	1.21	0.04	0.44	0.49	15.62	25.23	59.15
红山 4	2180	P₁j	深灰色凝灰岩	28	0.71	1.74	0.31	0.17	0.36	0.40	30.13	29.05	40.83
车 202	2644.8	P₁j	灰黑色泥岩	23	0.87	0.34	1.03	0.23	0.30	0.36	28.38	23.75	47.87
车 202	2236.51	P₁j	灰黑色泥岩	21	1.04	2.10	1.14	0.77	0.37	0.47	28.55	33.44	38.01
车 202	2025.12	P₁j	灰色凝灰岩	20	1.10	2.00	1.20	0.24	0.31	0.38	30.93	27.33	41.74
车 202	2206.29	P₁j	灰黑色泥岩	23	1.12	0.48	1.11	/	/	/	/	/	/

续表

井号	样品深度/m	层位	岩性	主峰碳	Pr/Ph	$\sum C_{21}^-/\sum C_{22}^+$	OEP	三环萜烷主峰/五环三萜烷主峰	C_{29}-20S/(20S+20R)	C_{29}-ββ/(αα+ββ)	C_{27}规则甾烷/%	C_{28}规则甾烷/%	C_{29}规则甾烷/%
车202	2084.94	P₁j	深灰色泥岩	23	1.22	0.65	1.11	0.26	0.33	0.43	33.11	27.62	39.28
车202	2361.36	P₁j	灰黑色泥岩	23	1.22	0.50	1.24	0.15	0.31	0.34	27.28	25.33	47.39
车202	2043.85	P₁j	深灰色砂质泥岩	23	1.29	0.56	1.13	0.22	0.32	0.43	31.69	28.40	39.90
红山4	2150	P₁j	深灰色凝灰岩	23	1.33	0.57	1.16	0.06	0.32	0.39	19.86	17.16	62.98
车202	2457.38	P₁j	黑色泥岩	23	1.36	0.47	1.21	0.11	0.32	0.36	27.17	26.13	46.70
车202	2459.2	P₁j	深灰色凝灰岩	20	1.56	3.36	1.01	0.72	0.37	0.36	15.25	24.64	60.11
车25	2273.5	P₁j	黑色凝灰岩	20	2.06	14.55	1.16	0.56	0.42	0.43	30.78	19.92	49.30
车202	2457.08	P₁j	灰色凝灰岩	23	2.19	1.21	0.98	0.13	0.38	0.42	21.96	25.57	52.47
车25	2273.4	P₁j	深灰色凝灰岩	20	2.25	14.08	1.18	3.00	0.35	0.43	11.60	27.47	60.92
车峰7	1266.93	C	深灰色凝灰岩	/				0.46	0.29	0.42	21.58	14.97	63.45
车峰4	1420.4	C	深灰色凝灰岩	26	0.56	0.16	1.56	0.05	0.12	0.35	14.48	19.41	66.11
红山60	2578.7	C	黑灰色沉积质凝灰岩		0.79	1.85	0.95	/					
红山6	1570.13	C	深灰色沉凝灰岩	23	0.80	0.48	1.17	0.11	0.39	0.26	17.89	14.48	67.64
红山4	2300	C	深灰色凝灰岩	23	0.86	0.54	1.20	0.15	0.44	0.50	13.83	35.55	50.62
车浅3	1969	C	黑色凝灰岩	20	0.89	12.12	1.34	2.60	0.49	0.47	29.05	26.96	43.99
红山4	2215.17	C	黑灰色凝灰岩	23	0.90	0.44	1.16	0.22	0.36	0.43	13.96	31.83	54.21
拐16	2810.17	C	凝灰质泥岩	21	0.95	1.06	1.06	0.80	0.43	0.40	16.39	36.13	47.48
拐148	3071.6	C	黑色砂质泥岩	21	0.96	1.47	1.12	0.34	0.43	0.47	15.94	40.85	43.21
红山4	2217.05	C	黑色凝灰岩	23	1.00	0.38	1.43	0.07	0.23	0.28	25.41	12.24	62.35
红山6	1568.46	C	深灰色凝灰岩	23	1.00	0.50	1.19	0.11	0.32	0.26	21.18	13.15	65.67
红山4	2200	C	深灰色沉凝灰岩	28	1.00	0.62	1.17	0.06	0.39	0.51	17.05	24.25	58.69
拐150	2919.1	C	黑色凝灰岩	21	1.00	1.65	1.21	0.27	0.37	0.37	21.20	28.23	50.57

续表

井号	样品深度/m	层位	岩性	主峰碳	Pr/Ph	$\sum C_{21}^-/\sum C_{22}^+$	OEP	三环萜烷主峰/五环三萜烷主峰	C_{29}-20S/(20S+20R)	C_{29}^-ββ/(αα+ββ)	C_{27}规则甾烷/%	C_{28}规则甾烷/%	C_{29}规则甾烷/%
拐150	2919.3	C	黑色凝灰岩	21	1.00	2.40	1.25	0.28	0.40	0.38	21.76	28.31	49.94
拐150	3126.95	C	深灰色凝灰岩	20	1.00	2.61	1.27	0.39	0.39	0.36	16.78	22.49	60.73
拐16	2810.17	C	凝灰质泥岩	23	1.09	0.74	1.05	0.30	0.42	0.41	16.08	33.62	50.30
拐16	2810.1	C	凝灰质泥岩	20	1.12	4.22	1.27	9.96	0.44	0.47	28.64	27.76	43.59
红山6	1566.85	C	黑灰色沉凝灰岩	23	1.13	0.45	1.19	0.05	0.29	0.20	15.30	11.89	72.81
车29	2766	C	灰黑色含粉砂泥岩	21	1.13	0.44	0.90	/	/	/	/	/	/
车浅3	1968.1	C	黑灰色凝灰岩	20	1.16	3.86	1.31	6.87	0.47	0.48	24.59	29.56	45.86
拐150	2962.87	C	深灰色凝灰岩	20	1.22	0.26	1.12	0.80	0.41	0.42	20.99	26.22	52.78
拐150	3174.94	C	深灰色凝灰岩	20	1.33	1.29	1.01	0.18	0.47	0.28	25.36	21.17	53.46
车浅3	1969.9	C	黑灰色凝灰岩	20	1.41	1.45	1.22	3.37	0.47	0.47	20.05	31.64	48.31
车浅3	1645.65	C	黑灰色凝灰岩	20	1.43	2.60	1.18	5.35	0.47	0.49	22.44	31.58	45.98
拐150	3078	C	深灰色凝灰岩	20	1.44	2.16	1.19	0.21	0.44	0.36	15.53	21.94	62.53
红71	1486	C	油迹凝灰岩	23	1.46	0.73	1.28	0.08	0.31	0.33	8.68	29.36	61.96
车25	2567.5	C	黑色泥岩	20	1.51	11.80	1.14	0.85	0.50	0.44	39.78	20.26	39.96
红浅1	512.94	C	灰色凝灰岩	23	1.67	2.46	1.17	0.68	0.50	0.54	17.37	39.01	43.62
车29	2676.9	C	深灰色凝灰岩	20	1.71	5.08	0.97	1.28	0.17	0.33	17.69	24.67	57.63
车29	2766.5	C	深灰色凝灰岩	20	1.75	9.30	0.99	4.33	0.32	0.39	31.09	21.54	47.37
红71	1575.4	C	深灰色凝灰岩	23	1.80	1.55	1.11	0.24	0.44	0.37	21.69	22.27	56.05
红山4	2464.14	C	深灰色凝灰岩	28	1.86	0.34	1.20	0.03	0.36	0.31	16.63	18.95	64.42
红浅1	576.25	C	灰色凝灰岩	20	1.86	19.62	1.01	0.73	0.43	0.49	24.57	31.43	43.99
红山4	2400	C	深灰色凝灰岩	29	2.00	0.63	1.25	0.04	0.43	0.51	23.71	24.67	51.62
车25	2567.32	C	黑色泥岩	20	2.25	26.67	1.19	2.97	0.19	0.30	33.51	16.59	49.90
车25	2566.92	C	黑灰色泥岩	20	2.26	5.03	1.23	6.55	0.21	0.34	27.02	18.69	54.29

注:"/"表示无数据。

正构烷烃的碳数分布、峰型、主峰碳位置、$\Sigma C_{21}^-/\Sigma C_{22}^+$ 值及 OEP 值变化等可提供有机质的母质类型、演化程度及是否遭受过细菌微生物的降解等重要信息（Moldowan et al.，1986；孟仟祥等，1999；刘全有等，2004；Peters et al.，2005）。风城组暗色泥岩正构烷烃主要分布在 $C_{21} \sim C_{23}$，主峰碳主要是 C_{21}、C_{23}，仅一组数据主峰碳为 C_{29}，且三环萜烷主峰/C_{30} 藿烷多数大于 1，少数小于 1，反映有机质主要来源于湖盆内的大型水生植物，且水体较深，少量来自陆生高等植物（Peters et al.，2005）；石炭系正构烷烃主要分布在 $C_{20} \sim C_{29}$，主峰碳主要是 C_{20}、C_{21}、C_{23}、C_{26}、C_{28} 及 C_{29}，且主要为 C_{20}，三环萜烷主峰/C_{30} 藿烷多数远小于 1，少数大于 1，反映其来源较复杂，既有水生植物来源，也有陆生高等植物来源，以陆生高等植物来源为主；佳木河组暗色泥岩正构烷烃主要分布在 $C_{20} \sim C_{23}$，主峰碳主要是 C_{20}、C_{21}、C_{23} 及 C_{28}，C_{20} 为主峰碳较多，三环萜烷主峰/C_{30} 藿烷基本小于 1，仅一组数据大于 1，反映有机质主来源于陆生高等植物，少量来自水生生物；下乌尔禾组暗色泥岩正构烷烃主要分布在 $C_{20} \sim C_{23}$，主峰碳主要是 C_{20}、C_{21}、C_{23}，三环萜烷主峰/C_{30} 藿烷仅 1 组数据大于 1，其余均远小于 1，也反映有机质主要来源于陆生高等植物，少量来自水生生物。

姥植比（Pr/Ph）是利用有机地球化学方法判识有机质古环境还原环境或氧化环境的重要参数（孟仟祥等，1999；刘全有等，2004；王作栋等，2010），通常来说，该值越高，其成烃古环境氧化程度越高，水体相对越浅（例如沼泽、湿地及海陆交互相等），称之为姥鲛烷优势；反之则成烃古环境还原程度越强，水体相对深（例如淡水、咸水湖相和海相等），称之为植烷优势。如表 4-2 与图 4-19（a），石炭系中 Pr/Ph>1.0 的样品占 77%；佳木河组中 Pr/Ph>1.0 的样品占 80%；下乌尔禾组中 Pr/Ph>1.0 的样品占 78%；而风城组中 Pr/Ph>1.0 的样品仅占 4%。另外，图 4-19（b）中 Pr/nC_{17} 与 Ph/nC_{18} 可以用于判识有机质中正构烷烃是否存在降解。一般未遭受降解影响的有机质中 Pr/nC_{17} 和 Ph/nC_{18} 很低（0.1~0.5），当有机质遭到较强的热作用或细菌微生物的降解作用时，由于类异戊二烯烷烃比正构烷烃稳定，因而正构烷烃先受到降解而类异戊二烯烷烃则能较好地保留下来。尤其是演化程度较低的有机质，当受到细菌微生物作用时，会出现异常高的 Pr/nC_{17} 和 Ph/nC_{18} 值。据此，可以推测风城组成烃古环境处于较强的还原环境，水体较深，水生生物贡献丰富，具明显的降解过程。而石炭系、佳木河组、下乌尔禾一部分烃源岩样品 Pr/Ph 值呈明显的姥鲛烷优势，这些样品的成烃古环境为弱还原-弱氧化环境，水体较浅，母质类型以陆源生物为主，同时有一定数量的水生生物输入，但相对于石炭系与佳木河组，水生生物来源较多；另一部分样品 Pr/Ph 值异常高，这些样品的成烃古环境为偏氧化环境，水体较浅，陆生生物（尤其是高等植物）输入丰富，并且，这 3 套潜在烃源岩相对风城组降解程度较低，反映微生物的生源贡献相对较小。

综合上述，在准噶尔盆地玛湖凹陷深层，石炭系—二叠系的 4 套潜在烃源岩有机质类型多种多样，既可生油也可生气。其中以风城组相对最为倾油，有机质类型以 Ⅱ 型为主，并且成岩古环境偏还原，水体较深；其他 3 套潜在烃源岩的有机质类型相似，主要为 Ⅲ 型，主体生气，成岩古环境偏氧化环境，水体较浅。

4.2.4 有机质成熟度

高有机质丰度及好有机质类型的烃源岩只有在合适的热演化条件下才会转化为烃

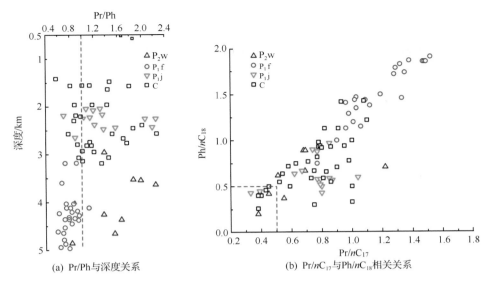

图 4-19　准噶尔盆地玛湖凹陷深层石炭系—二叠系 4 套潜在烃源岩姥鲛烷与植烷关系图

类,因此有机质成熟度是评价烃源岩的另一个重要参数,常用指标包括镜质体反射率 R_o、岩石热解峰温 T_{max},以及生物标志物 C_{29} 甾烷 20S/(20S+20R) 与 C_{29} 甾烷 $\beta\beta$/(20S+20R) 等参数(黄第藩和李晋超,1982)。此外,考虑到实测样品经常取自构造高部位,而真正高效优质的烃源岩应在凹陷区发育,因此在实测数据分析的基础上,还需进行凹陷区的烃源岩埋藏-热演化史模拟(黄第藩和李晋超,1982)。

1. 实测数据

如表 4-1 及图 4-20,玛湖凹陷研究区石炭系—二叠系 4 套潜在烃源岩系泥岩实测样品的有机质整体处于成熟演化阶段,不同地区及不同层位样品因埋深-热演化的差异而稍有不同。以 R_o 为例,石炭系大部分样品的 R_o 分布在 0.50%～0.80%,处于成熟演化阶段,仅车浅 3 井的 1 件样品进入高成熟演化阶段(1.38%);佳木河组大部分样品的 R_o 分布在 0.80%～1.30%,也处于成熟演化阶段,仅车 25 井的两个样品及 581 井的两个样品分别落在低成熟和高成熟演化阶段;风城组样品的 R_o 主要分布在 0.56%～1.14%,平均值 0.80%,为成熟演化;下乌尔禾组样品的 R_o 分布在 0.79%～1.40%,平均值 0.96%,也基本处于成熟演化阶段,仅玛东 2 井的 1 件样品处于高成熟演化阶段(1.40%)。

对于岩石热解峰温 T_{max} 参数,如表 4-1 及图 4-20,研究区 4 套潜在烃源岩的该参数平均值由老至新分别为 450℃、443℃、432℃ 及 440℃,反映总体进入成熟演化阶段,仅石炭系与下乌尔禾组少量样品进入高成熟演化阶段,这与上述根据 R_o 所判识的结果基本相同。

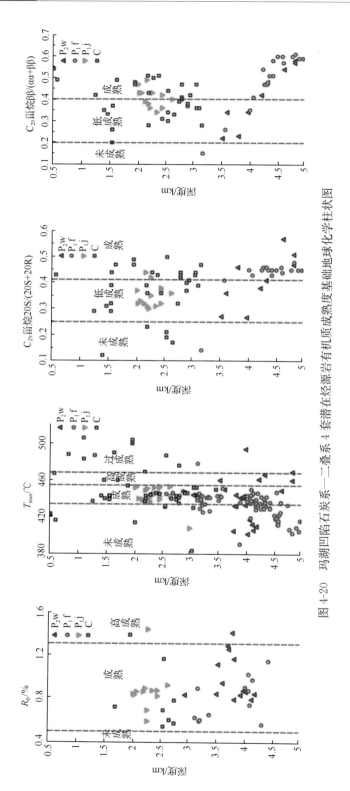

图 4-20 玛湖凹陷石炭系—二叠系 4 套潜在烃源岩有机质成熟度基础地球化学柱状图

生物标志物参数 C_{29} 甾烷 20S/(20S+20R)、C_{29} 甾烷 ββ/(20S+20R) 及 OEP 也是反映有机质成熟度常用的生标参数。如表 4-1、表 4-2 与图 4-21,研究区 4 套潜在烃源岩的这两个参数的平均值均在 0.40 左右,反映有机质基本处于成熟演化阶段。对于 OEP 值,一般认为,该值处于 1.0~1.2 为成熟有机质,1.2~1.4 为低熟有机质,大于 1.4 为不成熟有机质。该值越大成熟度越低,该值越接近 1.0,有机质成熟度越高,有些特殊样品(如热模拟或微生物降解样品等)会出现小于 1.0 的情况。如表 4-2 中 4 套潜在烃源岩样品的 OEP 值多分布在 1.0~1.2,并且最靠近 1.0 的样品来自石炭系、佳木河组与下乌尔禾组,而小于 1.0 的样品主要是风城组,另外还有少量石炭系与下乌尔禾组样品,大于 1.2 的样品主要来自于石炭系,这与前述通过其他地球化学研究得到的认识一致。

综合上述几项指标,发现研究区深层 4 套潜在烃源岩实采样品的有机质整体处于成熟演化阶段,仅有部分样品成熟度较高。有意义的是,这些成熟度较高的样品主要集中分布于研究区西部的中拐地区。分析发现,这是因为此处分布有大量火山岩,导致地温梯度升高,有机质热演化程度加快,有异于研究区其他样品,整体显示成熟演化的大背景(邱楠生等,2001,2002;王绪龙等,2013)。需要注意的是,由于样品采自不同地区,并且在后期地质演化过程中可能受到复杂因素影响,如前述火山作用或地层的抬升剥蚀等,因此有机质成熟度并未严格展示出随深度或地层年代逐渐增大的"常见"趋势,如一些下乌尔禾组样品比风城组样品的成熟度还要高就是因为这些下乌尔禾组样品采自高地温背景的中拐地区。但总体而言,这些潜在烃源岩总体处于成熟演化阶段,符合地质背景。

2. 热模拟

以上分析表明,研究区多数已采烃源岩样品(小于 5000m)处于成熟演化阶段(R_o 小于 1.3%),而目前玛湖凹陷研究区钻至深层(大于 5000m)的井极少。因此,为确定研究区深层 4 套潜在烃源岩在凹陷区的热演化程度和历史,综合前人对区域地温分布(邱楠生等,2001,2002)和地层层序(王绪龙等,2013)的研究结果,选取了典型玛湖凹陷沉积中心进行数值模拟(图 4-21)。结果表明,石炭系烃源岩总体在石炭系末期进入生烃门限,目前处于过成熟演化阶段(大于 5000m);佳木河组烃源岩在中二叠世进入生烃门限,目前处于高-过成熟演化阶段(大于 5000m);风城组在二叠纪末期进入生烃门限,在三叠纪末期进入生油高峰期,目前进入高成熟演化阶段(大于 5000m);下乌尔禾组在三叠纪中期进入生烃门限,目前尚总体处于成熟演化阶段(大于 5000m)。

4.2.5　烃源岩生烃潜力综合评价

综合上述,在以上详细分析烃源岩地球化学特征的基础上,结合烃源岩的分布和其他地质背景,可以讨论烃源岩的生烃潜力与油气类型。就理论而言,烃源岩的生烃能力受许多因素影响,如烃源岩的分布与厚度,烃源岩中有机质的丰度、类型及热演化等(Tissot and Welte,1984)。通常来说,生烃潜力大的烃源岩一般分布广且厚度大,有机质丰度高、类型好、成熟度适中(黄第藩和李晋超,1982)。

玛湖凹陷研究区深层的 4 套烃源岩分布稳定,累计厚度超过 200m,这为生烃提供了良好的物质基础(王绪龙等,2000;李新兵等,2000;陈建平等,2001)。根据本次工作实

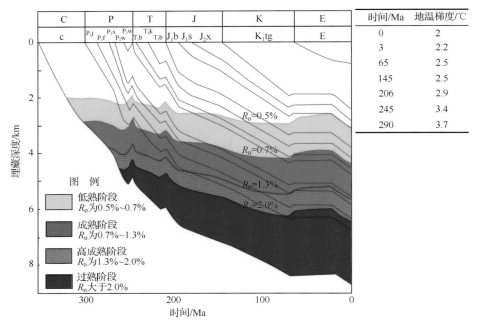

图 4-21　玛湖凹陷埋藏—热演化史

验结果,这 4 套烃源岩的有机质丰度大部分都达到中等-好质量,以风城组相对最好,因此对于生烃,有机质数量不存在问题。从有机质类型来看,可以分为两类,分别是以风城组为代表的腐泥型及其他三套潜在烃源岩的腐殖型(Carroll,1998;Cao et al.,2006;Hao et al.,2011)。不同的有机质类型,其生烃门限及演化有所不同(赵文智等,2005b)。从有机质成熟度看,目前所研究样品多处于成熟-高成熟演化阶段,尤其以成熟演化阶段为主。因此,玛湖凹陷深层这 4 套潜在烃源岩有机质丰度高、类型既能生油亦能生气、成熟度主体尚处于成熟演化阶段且具备良好的生烃潜力。

4.3　石炭系—二叠系烃源岩分子与同位素地球化学特征

烃源岩中的分子(生物标志物)组成特征含有机质母源、沉积环境、成熟演化及油气生成-运移等多方面信息,是石油地质地球化学研究中十分常用的有效地球化学参数,在烃源岩研究中常用来寻找油气源对比指标(Peters et al.,2005)。需要注意的是,实际研究中,要考虑样品的有效性问题,这是因为取样过程中很多样品可能会遭受污染使分析结果失真,进而导致后续一系列的错误认识(罗贝维等,2013)。据此,本次工作针对样品有效性进行遴选,剔除了有机碳含量低于 1%、干酪根碳同位素与氯仿沥青"A"碳同位素差值大于 3‰的可能受污染样品,对剩余可用样品展开生物标志化合物分析研究,以确保结论可靠。

4.3.1　正构烷烃

沉积有机质中正构烷烃分布特征蕴含了丰富的母源信息,其分布形式受母质类型、成熟度及生物降解等多种因素影响,具有重要的地球化学指示意义(Peters et al.,2005;柳广弟等,2013)。玛湖凹陷 C—P 4 套烃源岩正构烷烃碳数集中分布在 C_{10}~C_{35},主峰碳范围较广,在 nC_{15}~nC_{29} 基本都有分布。如图 4-22,nC_{21}^{-}/nC_{22}^{+} 比值和 C_{21+22}/C_{28+29} 比值分别在 0.3~10.7 和 0.2~16.0,表明既有中分子量正构烷烃含量高的样品,也有高分子量正构烷烃含量高的样品,并且大部分样品具奇碳优势(CPI>1,OEP>1),指示陆相高等植物与海相/湖相藻类的双重母质贡献。值得注意的是部分 P_1f 烃源岩具有偶碳优势(CPI<1),偶碳优势常常发现于碳酸盐岩以及蒸发岩系中。

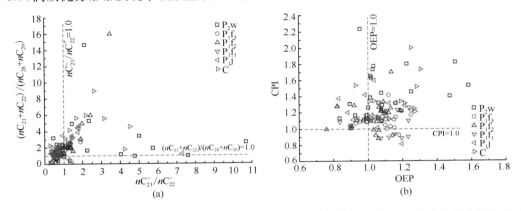

图 4-22　玛湖凹陷 C—P 4 套烃源岩 nC_{21}^{-}/nC_{22}^{+} 和 C_{21+22}/C_{28+29} 关系图(a)及 OEP 和 CPI 相关关系图(b)

4.3.2　无环类异戊二烯烃与 β-胡萝卜烷

如图 4-23(a),玛湖凹陷 C—P 4 套烃源岩中姥鲛烷(Pr)及植烷(Ph)非常丰富,Pr/nC_{17} 和 Ph/nC_{18} 分别分布在 0.3~3.2 和 0.2~4,并且 Pr/nC_{17} 和 Ph/nC_{18} 之间保持良好正相关线性关系。不同层位烃源岩的 Pr/nC_{17} 和 Ph/nC_{18} 特征具有差异。通过 Pr/nC_{17} 和 Ph/nC_{18} 判识版图可以看出,P_2w 烃源岩形成于较为氧化的沉积环境,指示出陆相母质特征,而 C、P_1j 及 P_1f 烃源岩则表现出海相、盐湖相沉积特点,其中部分 P_1f_3 烃源岩表现出一种混合相特点。4 套烃源岩在时间上的变化特点反映了石炭系—二叠系沉积环境由海相向陆相逐渐转化的过程。

Pr/Ph 比值与 β-胡萝卜烷相对含量在一定程度上也能够反映母质沉积环境特点,如图 4-23(b),玛湖凹陷 C-P 4 套烃源岩 Pr/Ph 比值和 β-胡萝卜烷/正构烷烃主峰分别分布在 0.2~2.7 和 0~12.8,不同层位间表现出的差异与图 4-23(a)类似。P_2w 烃源岩 Pr/Ph 比值较大,在 1.2~2.7,并且这类烃源岩基本不含 β-胡萝卜烷,双指标都指示一种陆相母质来源的氧化沉积环境;相对而言,P_1f 烃源岩 Pr/Ph 比值均小于 1.0,在 0.5~1.0,并且具有极高含量的 β-胡萝卜烷,普遍大于正构烷烃主峰,指示高盐度缺氧的沉积环境特点。此外,在 P_1f 三段中,P_1f_2 烃源岩 β-胡萝卜烷/正构烷烃主峰普遍大于 P_1f_1 和 P_1f_3,可能表明 P_1f_2 是盐度最高的沉积时期;C、P_1j 烃源岩 Pr/Ph 比值在 0.2~1.3,但大部分样品 Pr/Ph 比值小于 1.0,含 β-胡萝卜烷但相对丰度整体低于 P_1f 烃源岩,主要指示还原的沉积环境特征,但盐度应该低于 P_1f 沉积时期。

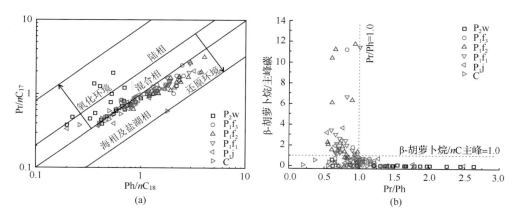

图 4-23 玛湖凹陷 C—P 4 套烃源岩 Pr/nC$_{17}$ 和 Ph/nC$_{18}$ 关系图(a)及 Pr/Ph 和
β-胡萝卜烷/正构烷烃主峰相关关系图(b)

4.3.3 萜烷类

沉积有机质中三环类、四环类及五环类萜烷蕴含丰富的沉积环境与有机质输入信息，常用于判识烃类与烃源岩的相关关系(Seifert et al.，1980)。玛湖凹陷研究区 C—P 4 套烃源岩中 C$_{19}$ 三环萜烷的相对丰度[C$_{19}$TT% ＝C$_{19}$TT/（C$_{19}$TT ＋C$_{20}$TT ＋C$_{21}$TT＋ C$_{23}$TT）×100%]整体在 1.2～31.6，不同层位间 C$_{19}$TT% 存在差异，P$_2$w、P$_1$f、P$_1$j 及 C 烃源岩的 C$_{19}$TT% 平均值分布为 9.89%、5.39%、5.99% 及 6.59%。相对较高含量的 C$_{19}$ 三环萜烷丰度被认为与高等植物母质输入有关，据此可见 4 套烃源岩中，P$_2$w 中的陆源有机质输入相对最高，P$_1$f 中的陆源有机质输入相对最低。

C$_{22}$/C$_{21}$ 和 C$_{24}$/C$_{23}$ 三环萜烷比值有助于识别烃源岩岩性及沉积环境特征，C$_{22}$/C$_{21}$ 和 C$_{24}$/C$_{23}$ 三环萜烷图版由全球 500 多个确定来源及成因的原油样品为基础总结(Peters et al.，2005)[图 4-24(a)]。然而玛湖凹陷 C—P 4 套烃源岩中却有一些样品 C$_{22}$/C$_{21}$ 和 C$_{24}$/C$_{23}$ 三环萜烷比值有异于该版图所标定的烃类成因来源特征，体现在三环萜烷分布中 C$_{22}$ 及 C$_{24}$ 丰度很低而 C$_{20}$、C$_{21}$ 及 C$_{23}$ 丰度高，可能代表一种少见的烃源岩成因模式。如图 4-24(a)，大部分样品都表现出一种海陆交互相的沉积特征，而 P$_1$f 烃源岩许多样品分布在版图外，尤其综合 β-胡萝卜烷特点推测 P$_1$f 烃源岩沉积于一种极高盐度的碱湖沉积环境中，形成了这种独特的特点。

三环萜烷 C$_{20}$、C$_{21}$ 及 C$_{23}$ 相对丰度特点在研究区油源对比中应用良好，不同层位烃源岩具有独特的三环萜烷 C$_{20}$、C$_{21}$ 及 C$_{23}$ 峰型，且这种特征往往继承于所生烃类中(王绪龙和康素芳，2001)。如图 4-24(b)，玛湖凹陷 C—P 4 套烃源岩中，P$_1$f 烃源岩三环萜烷 C$_{20}$、C$_{21}$ 及 C$_{23}$ 峰型基本以上升型(C$_{20}$>C$_{21}$>C$_{23}$)和山谷型(C$_{20}$<C$_{21}$>C$_{23}$)为主；P$_2$w 烃源岩三环萜烷 C$_{20}$、C$_{21}$ 及 C$_{23}$ 峰型基本表现为下降型；而 C、P$_1$j 烃源岩三环萜烷 C$_{20}$、C$_{21}$ 及 C$_{23}$ 峰型涵盖了所有 4 种类型，但是上升型所占比例非常小。这种原始特征差异是油源对比的重要标准。

沉积有机质中四环萜烷对沉积环境也具有一定的指示意义，虽然该系列化合物被认

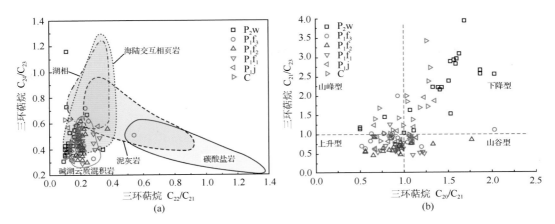

图 4-24　玛湖凹陷 C—P 4 套烃源岩三环萜烷 C_{22}/C_{21} 和 C_{24}/C_{23} 相关关系图（a）

及三环萜烷 C_{20}/C_{21} 和 C_{21}/C_{23} 相关关系图（b）

为主要来源于五环三萜烷降解，但在实际样品研究中发现丰富的 C_{24} 四环萜烷似乎与陆源母质贡献有关（Connan et al.，1986；Peters et al.，1993）。$C_{24}TeT/C_{26}TT$ 与 $C_{19}TT/C_{23}TT$ 相关关系可以反映有机质来源类型，两个参数越大，反映陆源有机质贡献越大。如图 4-25（a），玛湖凹陷 C—P 4 套烃源岩中唯有 P_2w 烃源岩普遍含有较高的 $C_{24}TeT/C_{26}TT$ 与 $C_{19}TT/C_{23}TT$ 比值，平均值分别为 1.86 和 0.88，指示陆源母质贡献特点，与上文 Pr/nC_{17} 和 Ph/nC_{18} 所反映特征一致。

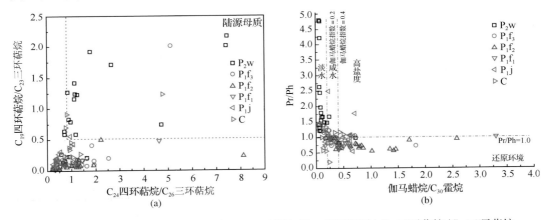

图 4-25　玛湖凹陷 C—P 4 套烃源岩 C_{24} 四环萜烷/C_{26} 三环萜烷与 C_{19} 三环萜烷/C_{23} 三环萜烷

相关关系图（a）及伽马蜡烷/C_{30} 藿烷与 Pr/Ph 相关关系图（b）

藿烷类的伽马蜡烷指数（伽马蜡烷/C_{30} 藿烷）对判识有机质沉积水体盐度有很强的专属性，高伽马蜡烷含量通常与水柱分层（通常为高盐度所致）有关（Sinninghe et al.，1995；Moldowan et al.，1985）。在研究区 C—P 烃源岩中，伽马蜡烷指数与 Pr/Ph 比值表现出较好的负相关性，可以共同反映出烃源岩沉积时的氧化还原环境。如图 4-25（b），P_1f 烃源岩伽马蜡烷指数基本大于 0.2，在 0.2~3.3，反应盐度较高的沉积环境特点，其中 P_1f_2 烃源岩伽马蜡烷指数整体高于 P_1f_1 与 P_1f_3，表明 P_1f_2 沉积时期水体盐度最大，与 β-胡萝卜烷所反映特征一致,同时 P_1f 烃源岩 Pr/Ph 基本小于 1.0,也反映出还原的沉积环境;P_2w 烃源岩伽马蜡烷指数较低,在 0~0.3,大部分小于 0.2,反映为淡水沉积环境特征,并且这部分样品拥有较高的 Pr/Ph,在 1.2~4.8,指示氧化沉积环境特点;相比而言,C、P_1j 烃源岩具有较高的伽马蜡烷指数,在 0.2~0.7,也反映出高盐度沉积水体环境,但盐度整体低于 P_1f 烃源岩,这部分样品 Pr/Ph 在 0.2~2.5,大部分低于 1.0,更多地反映了还原的沉积环境特点。

C_{29}/C_{30} 和 C_{35}/C_{34} 藿烷比值可用于确定原油的烃源岩沉积相特征(Peters et al.,2005)。为避免干扰,C_{35}/C_{34} 藿烷比值采用 22S 异构型。许多煤/树脂生成的烃类具有较低的 C_{35}/C_{34} 藿烷比值(小于 0.6),这与较为氧化的沉积条件一致,而泥页岩往往具有较低的 C_{29}/C_{30} 藿烷比值(小于 0.6),相比较下,碳酸盐岩和泥灰质烃源岩通常具有 C_{29}/C_{30} 藿烷比值高(大于 0.6)以及 C_{35}/C_{34} 藿烷比值高的特点(大于 0.8)(Sinninghe et al.,1995;Peters et al.,2005)。如图 4-26(a),大部分烃源岩样品表现为泥/页岩烃源特征,而部分 P_1f 烃源岩和 P_1j 烃源岩有泥灰岩烃源特点。此外,所有 P_2w 烃源岩都在煤/树脂母质特征的区域内,但这部分区域与泥/页岩重叠,判识沉积相需要更多的佐证。

Ts/Tm 比值在评价同一来源的烃类时,是较为可靠的成熟度指标,但不可忽视岩性及沉积环境的氧化性对该指标的影响(Moldowan et al.,1986;Jones and Philp,1990;Peters and Moldowan,1993;Chakhmakhehev et al.,1996)。同样,三环萜烷主峰/五环三萜烷主峰在准噶尔盆地同一来源原油研究中也有一定的成熟度指示意义,但针对烃源岩,这两个参数却没有展现出较好的正相关性,表明可能受多种因素影响(Peters et al.,2005)。如图 4-26(b),玛湖凹陷 C—P 4 套烃源岩 Ts/Tm 比值基本小于 1.0,且不同层位间没有明显的差异性,表明研究区 Ts/Tm 比值不单纯受成熟度影响。同样,三环萜烷主峰/五环三萜烷主峰在不同层位间也没有明显区分。因此这两个参数对于研究区烃源岩来说并没有太大的指示意义。

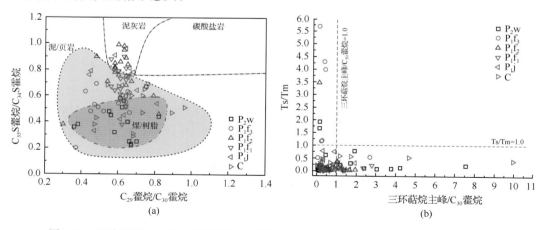

图 4-26 玛湖凹陷 C—P 4 套烃源岩 C_{29} 藿烷/C_{30} 藿烷与 $C_{35}S$ 藿烷/$C_{34}S$ 藿烷相关图(a)
及三环萜烷主峰/C_{30} 藿烷与 Ts/Tm 相关关系图(b)

4.3.4　甾烷类

甾烷类是具有重要地球化学意义的生物标志物。其中,规则甾烷通常用来反映有机质母源输入的指标参数,C_{27}、C_{28} 和 C_{29} 规则甾烷相对组成可用来划分母质类型。水生浮游生物以富含 C_{27} 胆甾烷为特征,陆生高等植物中的甾烷则主要以 C_{29} 豆甾烷为主,C_{28} 甾烷相对含量的高低可能指示特殊类型湖相藻类(如硅藻)贡献的强弱程度(Huang and Meinshein,1979;Czochanska et al.,1988;Peters et al.,2005)。如图 4-27(a),研究区 C—P 4 套烃源岩 C_{27} 甾烷相对丰度不具备太大差异,且相对丰度在 C_{27}、C_{28} 和 C_{29} 规则甾烷最低,在 2.2%～31.3%,平均 12.3%,表明 C—P 4 套烃源岩水生浮游生物贡献很低。有意义的是,C_{28} 甾烷相对丰度在不同层位烃源岩之间具备差异。P_2w 烃源岩 $\alpha\alpha\alpha C_{28}$ 20R% 最小,在 11.3%～41.3%,平均 23.4%;C、P_1j 烃源岩次之,$\alpha\alpha\alpha C_{28}$ 20R% 在 21.0%～36.1%,平均为 29.5%;P_1f 烃源岩 C_{28} 甾烷相对丰度最高,$\alpha\alpha\alpha C_{28}$ 20R% 在 30.4%～56.9%,平均为 38.3%。这表明 P_1f 烃源岩某种特殊类型的湖相藻类母质贡献最大。对于 C_{29} 甾烷的相对丰度,在 P_2w 烃源岩与 P_1f、C、P_1j 烃源岩之间具有差异。P_2w 烃源岩 $\alpha\alpha\alpha C_{29}$ 20R% 普遍高于其他三套烃源岩,在 43.8%～84.4%,平均为 62.2%;而 P_1f、C、P_1j 烃源岩 $\alpha\alpha\alpha C_{29}$ 20R% 差异不大,总体在 40.9%～69.1%,平均为 53.4%。P_2w 烃源岩高 C_{29} 甾烷相对丰度指示陆相高等植物贡献特点,与前文认识一致。

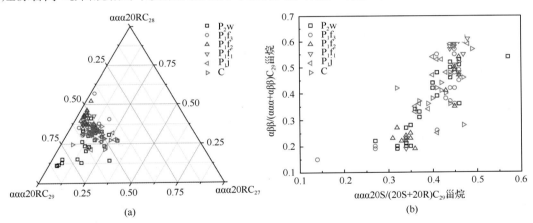

图 4-27　玛湖凹陷 C—P 4 套烃源岩规则甾烷组成三元图(a)及 C_{29} 20S/(20S＋20R)
和 C_{29} $\beta\beta$/($\beta\beta$＋$\alpha\alpha$)相关关系图(b)

甾烷异构体参数 $\alpha\alpha\alpha$20S/(20S＋20R)C_{29} 甾烷比值和 $\alpha\beta\beta$/($\alpha\alpha\alpha$＋$\alpha\beta\beta$)C_{29} 甾烷比值对成熟度特性具有高的专属性,但只适用于未成熟至成熟演化阶段(Peters et al.,2005)。如图 4-27(b),研究区 C—P 4 套烃源岩甾烷异构体参数均趋于一致化,没有明显差异,结合该地区埋藏热演化史研究,认为这 4 套烃源岩应该已普遍进入高-过成熟演化阶段,因此甾烷异构体参数对于研究区烃源岩成熟度来说,并没有较好的指示意义。

4.3.5 稳定碳同位素

烃源岩的稳定碳同位素对其生烃母质组成与类型具有重要指示意义(Peters et al.，2005)。对研究区的样品进行干酪根和氯仿沥青"A"的碳同位素分析，如图 4-28，由于有机质形成与演化过程中的碳同位素分馏效应(Peters et al.，2005)，氯仿沥青"A"的碳同位素组成要比干酪根的碳同位素组成轻。从不同层位间的对比来看，P_1f 烃源岩碳同位素普遍低于其他三套烃源岩，其干酪根 $\delta^{13}C$ 在 $-29.5‰\sim-20‰$，氯仿沥青"A"$\delta^{13}C$ 在 $-32‰\sim-27‰$，3 段中又以 P_1f_1 和 P_1f_2 段最低；而 P_2w 烃源岩碳同位素在 4 套烃源岩中最高，其干酪根 $\delta^{13}C$ 在 $-28.5‰\sim-19.5‰$，氯仿沥青"A"$\delta^{13}C$ 在 $-31.5‰\sim-23‰$；C、P_1j 烃源岩分析数据较少，$\delta^{13}C$ 整体低于 P_2w 烃源岩而高于 P_1f 烃源岩。一般而言，藻类等低等水生生物形成的有机质的碳同位素较轻，而来源于陆源高等植物的有机质的碳同位素组成较重(黄第藩等，1984；Golyshev et al.，1991；王万春等，1997)。由此可见，烃源岩稳定碳同位素所反映的特点整体与生物标志物中指示生源的特征一致，即 4 套潜在烃源岩中，以 P_1f 的母质类型最好，P_2w 最差，而 C 和 P_1j 介于两者之间。

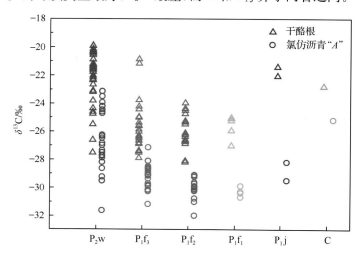

图 4-28 玛湖凹陷 C—P 4 套烃源岩干酪根和氯仿沥青"A"稳定碳同位素

玛湖凹陷从 1981 年开始钻探,到目前为止已揭露石炭、二叠系的佳木河组、风城组、乌尔禾组和三叠系的百口泉组、克拉玛依组等多套含油气层系,主力油气藏主要分布在二叠系风城组和乌尔禾组,百口泉组一、二、三段和克拉玛依组,平面上,油气主要分布于生烃凹陷内的正向构造带。从油气相态来看,有含溶解气的油藏及纯油藏等,纯气藏很少。不同构造带、不同层位的油气分布特征和地球化学特征均有差别,这种差别与油气的来源、运移和成藏后的变化有密切关系。本章主要分析这些油气的来源与成因。

5.1 原油地球化学与来源

5.1.1 原油地球化学特征

1. 原油物性

储集层中的原油是烃源岩在热演化过程中生烃、运聚成藏与交叉混合变化后最终形成的复杂烃类系统,后期的改造和降解等次生变化,使得现存油藏的流体呈现出不同的物理化学特征(程克明等,1987;陈建平等,2016)。原油物性是原油化学组成的综合反应,在一定程度上可以反映原油的成因信息。不同地区、不同层位甚至同一层位、不同构造部位的原油,其物理性质也可能有明显的区别。

玛湖地区百口泉组原油物性较为接近,油密度在 $0.80\sim0.96\mathrm{g/cm^3}$,以 $0.84\sim0.9\mathrm{g/cm^3}$ 为主,黏度主要介于 $5\sim50\mathrm{mPa\cdot s}$,含蜡量处于 $2\%\sim7\%$(图 5-1)。原油整体以轻质-中质为主,重质油较少;黏度属于正常黏度;大部属于含蜡原油,少量原油高蜡,反映原油属于典型的陆相高成熟原油。

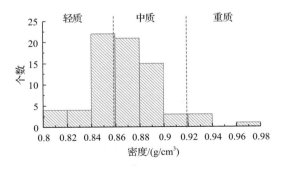
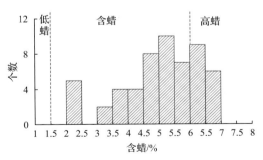

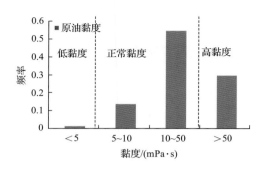

图 5-1 玛湖凹陷百口泉组原油物性分布柱状图

原油密度和黏度在纵向上的分布特征可在一定程度上反映原油类型及储层油气保存情况,如图 5-2,百口泉组原油密度整体处于 $0.80 \sim 0.90 \mathrm{g/cm^3}$,个别样品密度大于 $0.90 \mathrm{g/cm^3}$,黏度基本小于 $200 \mathrm{mPa \cdot s}$,部分样品黏度较大,处于 $200 \sim 400 \mathrm{mPa \cdot s}$,与风城组原油样品分布规律相似,而乌尔禾组原油整体密度和黏度均较低,这可能与风城组源岩在不同分布区域及不同岩相类型有关(张鸾沣等,2015;支东明等,2016)。

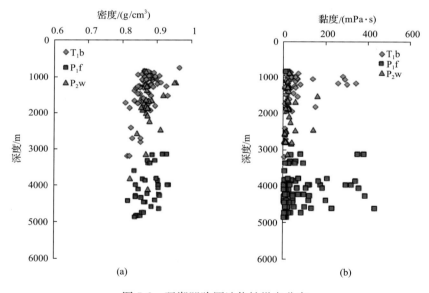

图 5-2 玛湖凹陷原油物性纵向分布

2. 原油碳同位素

原油碳同位素与烃源岩母质类型和演化阶段密切相关,其值越轻代表生油母质类型越好,并随烃源岩演化程度的提高,其产物的碳同位素越轻(Peters et al.,2005)。该区原油碳同位素特征介于 $27.5‰ \sim 30.0‰$,其中,饱和烃同位素最高,介于 $28.0‰ \sim 31.0‰$,芳香烃、非烃、沥青质同位素依次增高,符合有机质中碳同位素的演化趋势。

3. 原油轻烃

轻烃是石油和天然气的重要组成部分,随着国内外学者对轻烃研究的日益深入,轻烃技术在全烃地球化学中的作用越来越重要(李广之等,2007;段毅等,2014)。轻烃组分在原油中含量较高,对其分析速度较快、成本较低,并能反映油气的成熟度、母质类型、沉积环境及油气保存条件等重要信息,是全烃地球化学研究中的重要技术。其中,C_7 系列轻烃化合物是判断母质来源和沉积环境的重要参数,其包括 3 类:甲基环己烷(MCC_6)、二甲基环戊烷($DMCC_5$)和正庚烷(nC_7)。甲基环己烷来自高等植物木质素、纤维素和糖类,热力学性质相对稳定,是反映陆源母质类型的重要参数;二甲基环戊烷主要来自自生水生生物的类脂化合物,受成熟度影响,其大量存在是腐泥型成因油气的标志;正庚烷主要来自藻类和细菌,对成熟作用非常敏感,是良好的油气成熟度指标。

通过研究区原油轻烃组成三角图(图 5-3)可以看出,研究区原油的烃源岩相对富含高等植物,而断裂带原油母源相对富含藻类和细菌,说明其母源上可能存在一定差异,或者是成熟度的影响造成。Thompson(1983)提出用石蜡指数和庚烷值来研究原油成熟度,通过程克明等(1987)定义的成熟区间作图 5-4,可以看出斜坡带原油与断裂带相比成熟度较高,普遍处于高熟区间,说明凹陷斜坡带油气演化程度较高。

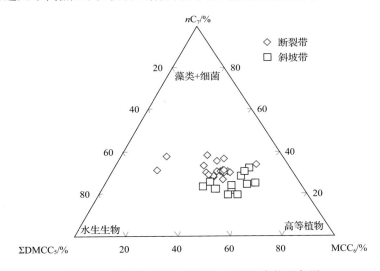

图 5-3　玛湖凹陷原油轻烃 C_7 系列化合物三角图

4. 原油生物标志物

原油生物标志物蕴含着有机母质类型、沉积环境和成熟度等多方面的信息。其中,正构烷烃是饱和烃的主要组成部分,其分布能直观地提供有关有机质生源构成及成熟度等方面的信息(Moldowan et al.,1986;刘全有等,2004;Peters et al.,2005)。通常情况下,碳数小于 C_{22} 的正构烷烃大多来源于菌藻类低等水生生物中的脂肪酸,所以在以腐泥组分为主的烃源岩中常富含低分子量正构烷烃;碳数较高的正构烷烃大都来源于陆地高

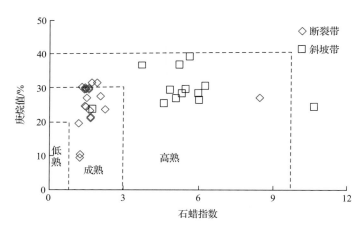

图 5-4　玛湖凹陷原油轻烃成熟度参数散点图

等植物,所以若正构烷烃分布以 C_{27}、C_{29} 或 C_{31} 为主峰且该区间具明显的奇偶优势,则一般来源于高等植物的蜡(Peters et al.,2005)。玛湖凹陷原油类型以轻质—正常原油为主,其饱和烃气相色谱特征差异总体不明显。

类异戊二烯烃是以异戊间二烯为基本结构单元的链状支链烷烃,在原油中植物烷系列是主要的类异戊二烯烃(孟仟祥等,1999;王作栋,2010)。其中,Pr/Ph 值是用于判断有机质沉积氧化还原性的一项地球化学指征。玛湖凹陷原油正构烷烃系列分布完整,Pr、Ph 特征存在差异,个别样品高于其附近的正构烷烃(图 5-5)。原油主峰碳大都为 C_{17} 及 C_{19},个别为 C_{21} 及 C_{23},母质来源为低等水生生物与高等植物混源。与其他大部分克拉玛依原油一样,大部分原油样品里均含有丰富的 β-胡萝卜烷,但不同样品里含量存在一些差异,反映了原油母质来源的差异。

原油 C_{27}~C_{29} 规则甾烷的分布反映了源岩有机质特征。不同碳数的规则甾烷相对丰度可以反映沉积有机质的来源(Huang and Meinshein,1979;Czochanska et al.,1988;Peters et al.,2005)。一般认为 C_{27} 甾烷来源于浮游生物,C_{29} 甾烷主要来源于高等植物。如图 5-6,玛湖凹陷研究区原油甾烷特征变化较大,大部分呈轻微上升型,个别有偏向 C_{27} 和 C_{29} 规则甾烷端元的样点,且该区个别样品孕甾烷含量较高,反映了一些原油样品成熟度较高。

对于萜烷类,通常认为藿烷主要来源于细菌,在一些蕨类植物中也有其先质物,三环萜烷则主要来源于微生物,因而它们之间的相对含量能反映各类生物对沉积有机质的贡献(Seifert et al.,1980)。玛湖凹陷研究区原油中三环萜烷含量丰富,五环萜含量较少(图 5-6),且有一定含量的伽马蜡烷;在碳数分布上,各样品中该系列生物标志物主峰存在变化,一些样品的 C_{21}、C_{22} 和 C_{23} 萜烷呈上升型,也有呈下降型和山谷型,部分样品 C_{25} 三环萜含量较高。五环萜中 C_{30} 藿烷为主峰,其中一些样品伽马蜡烷较高,Ts/Tm 与 22S/22R-C_{31}H 值变化相对较小,整体显示了较高的成熟度。

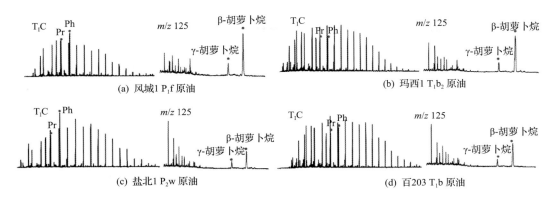

图 5-5　玛湖凹陷典型原油气相色谱图

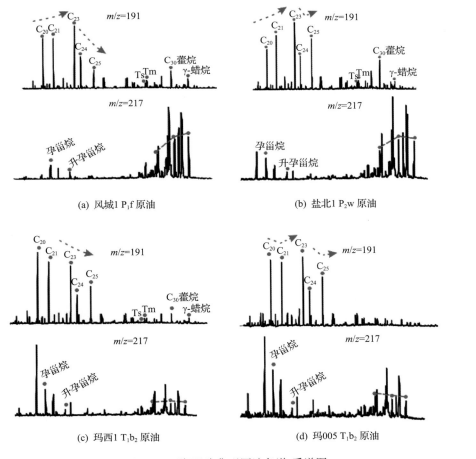

图 5-6　玛湖凹陷典型原油色谱-质谱图

5.1.2 原油分类与来源

1. 原油分类

根据以上玛湖地区原油的地球化学特征,主要是生物标志物特征,可将原油类型划分为 3 大类 5 亚类。

(1) A_1 类原油:总离子流图表现为 Ph/nC_{18} 大于 1;三环萜 C_{20}、C_{21}、C_{22} 表现为上升型,C_{24}、C_{25} 含量较低;伽马蜡烷及 β-胡萝卜烷含量高;Ts/Tm 比值较小;孕甾烷及升孕甾烷含量低,甾烷 C_{27}、C_{28} 及 C_{29} 表现为 C_{29} 占优势(图 5-7)。根据这些特征,反映此类原油来源于高盐及还原环境的碳酸盐沉积物,且陆源有机质较多。此类原油主要分布于风城及风南地区。

(2) A_2 类原油:三环萜 C_{20}、C_{21}、C_{22} 也表现为上升型,C_{25} 三萜烷含量较高;伽马蜡烷及 β 胡萝卜烷含量相对 A_1 类较低;三环萜烷/藿烷比值较大;孕甾烷及升孕甾烷含量较高,甾烷 C_{27}、C_{28} 及 C_{29} 中 C_{29} 较低(图 5-8)。这些特征说明此类原油来源于低盐及弱还原环境的泥岩沉积物,且有机质以水生藻类为主。此类原油主要分布于玛东及玛北地区。

(3) B 类原油,三环萜 C_{20}、C_{21} 及 C_{22} 表现为下降型;伽马蜡烷及 β-胡萝卜烷含量较低;三环萜烷/藿烷比值较大;补身烷/升补身烷比值较高,甾烷 C_{27}、C_{28} 及 C_{29} 表现为 C_{27} 或 C_{28} 占优势(图 5-9)。这些特征说明此类原油来源于低盐及弱氧化环境的泥岩沉积物,陆源有机质较少。此类原油主要分布于玛西及玛北地区。

(4) C_1 类原油:三环萜 C_{20}、C_{21}、C_{22} 表现为山谷型,三萜烷 C_{25} 含量较高;伽马蜡烷及 β-胡萝卜烷含量相对较低;三环萜烷/藿烷比值较大;甾烷 C_{27}、C_{28} 及 C_{29} 含量较低,表现为下降或山峰形(图 5-10)。这类原油主要分布于玛北地区。

(5) C_2 类原油:三环萜 C_{20}、C_{21} 及 C_{22} 表现为山峰型;伽马蜡烷及 β-胡萝卜烷含量相比前一类较高;三环萜烷/藿烷比值较大;孕甾烷、升孕甾烷含量较少,甾烷 C_{27}、C_{28} 及 C_{29} 表现为 C_{28} 较高,形成山峰型分布(图 5-11)。这类原油主要分布于玛西及玛西南地区。

为了更加清楚阐释不同种类原油之间的差异,对具有生源意义的生物标志物做了散点图(图 5-12)。从图中可以看出,5 类原油中 C_2 类原油成熟度较大,Pr/nC_{17} 及 Ph/nC_{18} 参数较小,而 A_1 类原油则成熟度相对较低,反映其相对早期生成的特征;通过三环萜比值的差异,5 类原油的区分也较为明显,其中 A_1 及 A_2 类原油 C_{23}/C_{21} 及 C_{21}/C_{20} 较大,B 类原油较小,C_1 和 C_2 类两种混源油介于其之间。

对原油全油、饱和烃、芳香烃及非烃等组分的碳同位素进行研究,发现五个亚类原油同位素特征区分相对明显,其中 A_1、B 及 C_1 类原油相对区别较小;从 Sofer 图上可以看出,A_1、B 及 C_1 类原油较为接近,混源作用对原油碳同位素有一定的影响(图 5-13),表明相对而言在研究区的原油成因类型划分中碳同位素没有生物标志物的区分意义好。

2. 原油来源

对于前节划分的不同类型原油,其分布具有一定的规律。从垂向上看,如图 5-14,A_1 类主要分布于 P_1f 及 P_2x 内,上部百口泉组基本未发现;A_2 类原油主要分布于 T_1b 及 T_2k 内;B 类原油主要在乌尔禾组以上地层分布;而 C_1、C_2 类原油主要也分布于百口泉组内。

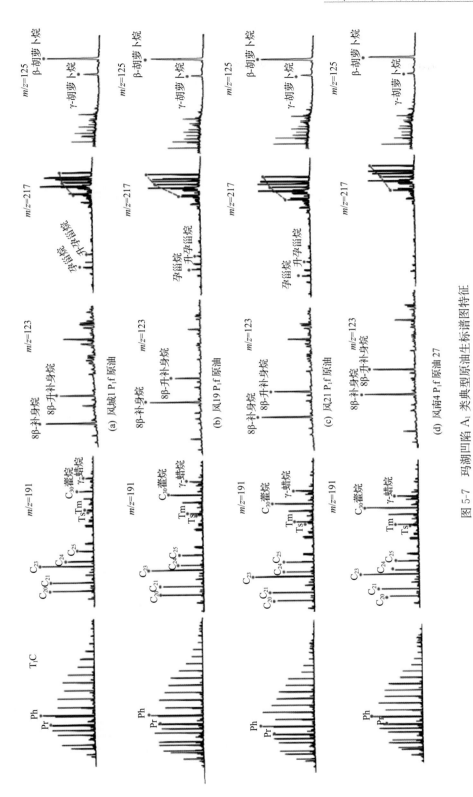

图 5-7　玛湖凹陷 A₁ 类典型原油生标谱图特征

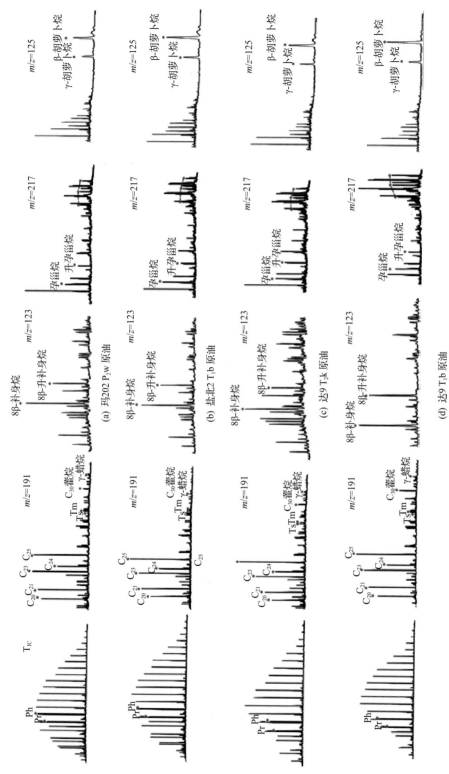

图 5-8 玛湖凹陷 A_2 类典型原油生标谱图特征

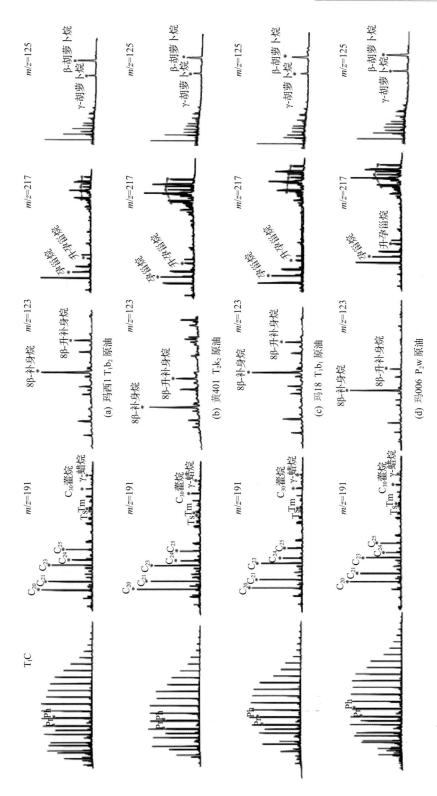

图 5-9　玛湖凹陷 B 类典型原油生标谱图特征

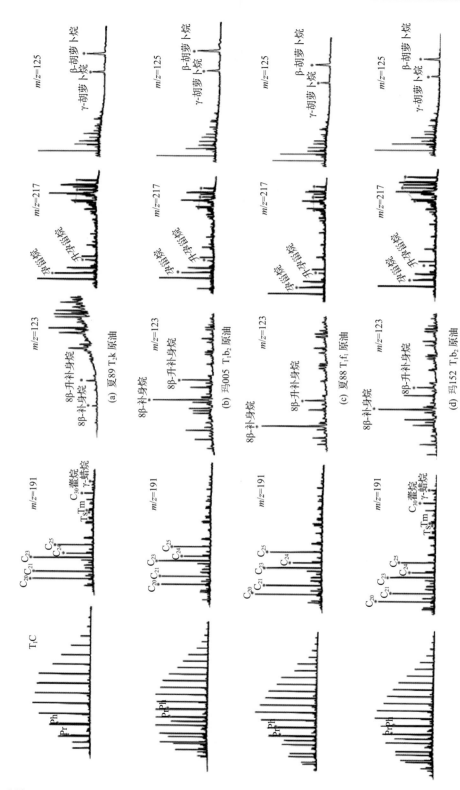

图 5-10 玛湖凹陷 C_1 类典型原油生标谱图特征

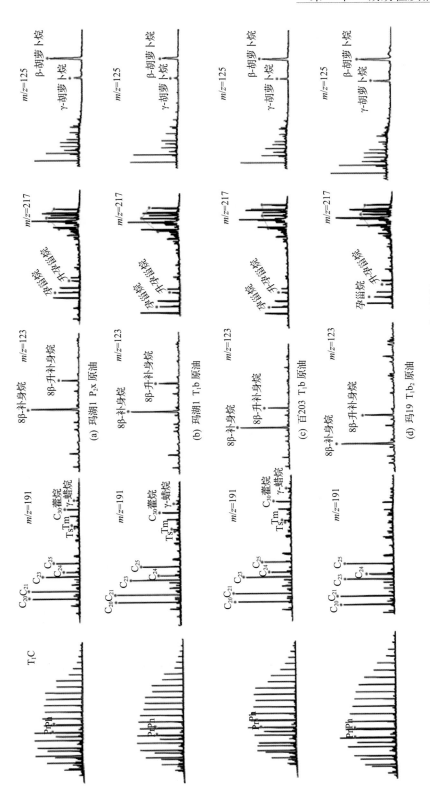

图 5-11　玛湖凹陷 C_2 类典型原油生标谱图特征

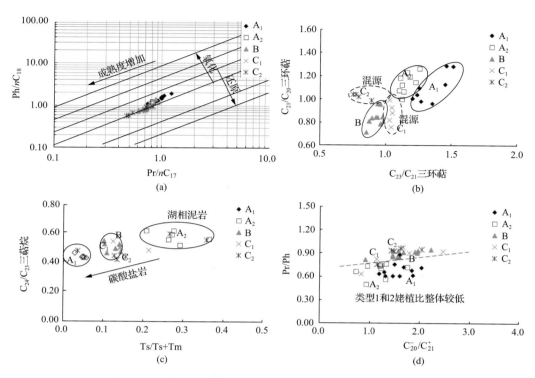

图 5-12 玛湖凹陷不同类型原油生物标志物特征参数散点图

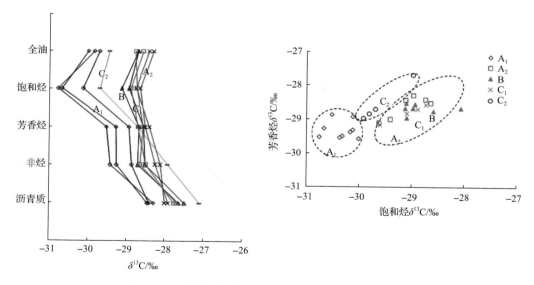

图 5-13 玛湖凹陷不同类型原油碳同位素分布散点图

由此可见百口泉组内原油类型多样、分布较为复杂。

　　在横向上，如图 5-15，如前所述，A_1 类原油主要分布于风南、乌尔禾地区；A_2 类原油主要分布于玛东及玛北地区；B 类原油主要分布于玛湖及玛西地区；C_1 类原油主要在玛北地区；C_2 类原油主要在玛西南地区。

　　对比烃源岩的分布如图 5-16，似乎 4 套烃源岩皆有可能，且最有可能的是风城组。因此需要从烃源岩的基础地化和生标地化特征上来进行考察。

　　从烃源岩的基础地化特征上看（图 5-17），此五类油气最有可能的烃源岩的确是风城组，其他 3 套烃源岩，存在热演化程度过高或有机质类型较差的问题。因此，应着重从烃源岩，特别是风城组烃源岩的有机相和热演化程度差异上进行考察。

　　如图 5-18，研究区风城组烃源岩的有机相非常复杂，大致存在三类烃源岩，分别是靠近百口泉山前的泥岩、处于玛湖凹陷中心区的云质岩及靠近夏子街的火山

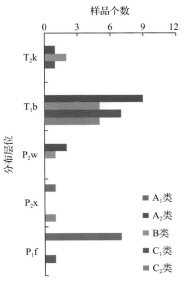

图 5-14　玛湖凹陷不同类型
原油垂向分布

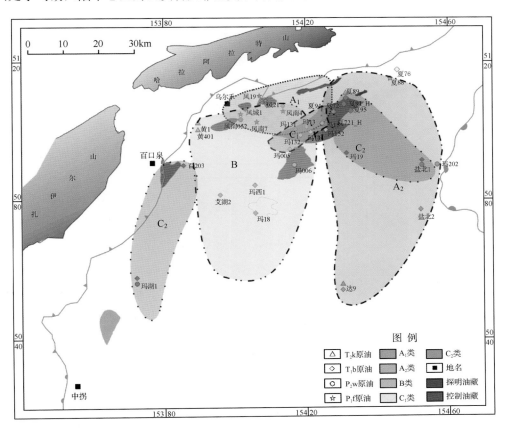

图 5-15　玛湖凹陷不同类型原油平面分布

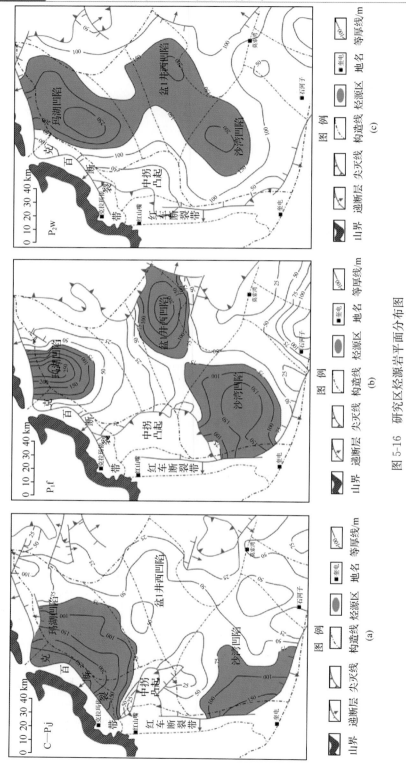

图 5-16 研究区烃源岩平面分布图

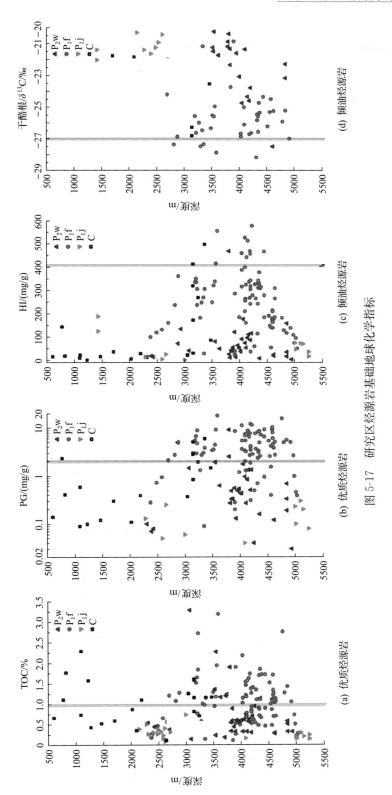

图 5-17　研究区烃源岩基础地球化学指标

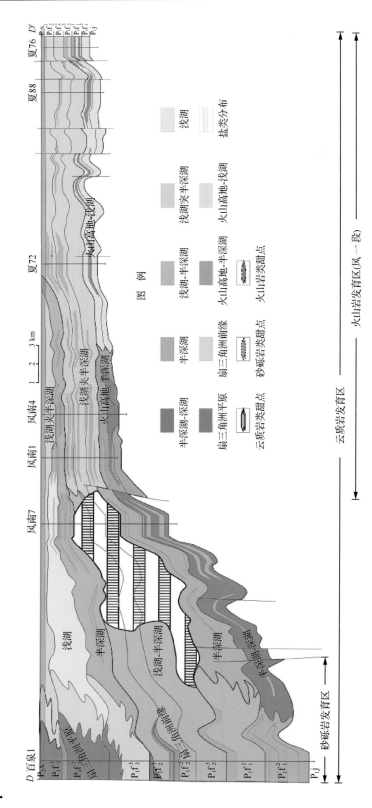

图 5-18 玛湖凹陷风城组有机相差异

岩(图 5-18)。这 3 类烃源岩的有机地化特征与生标地化特征存在差异,再加上处于不同的生烃演化阶段所生烃类的混合,这是造成目前原油生标地化特征差异并且复杂的主要原因。

据此,基于地质背景,可以认为主要分布于风南和乌尔禾地区的 A_1 类原油来自风城组的泥质云岩,主要分布于玛东及玛北地区的 A_2 类原油主要来自风城组的云质泥岩;主要分布于玛湖及玛西地区的 B 类和 C_1 类原油来自于风城组的云质岩;而 C_2 类原油来自风城组的泥岩,可能还有部分来自下乌尔禾组的烃源岩。

5.2　天然气地球化学与来源

目前研究区内天然气聚集成藏的区域主要位于中拐北坡。相比而言,山前断裂带与凹陷区的天然气往往以溶解气形式与原油伴生产出。垂向上天然气主要产出于中深层(2000～5000m),平均深度 2223m,浅层气(小于 2000m)所占比例小,含气层整体表现出越靠近凹陷中心深度越深的趋势,这可能反映了烃源岩热演化对天然气聚集成藏的控制。层位上天然气层(藏)主要分布于石炭系、二叠系与中下三叠统。其中,中拐北坡与克-百断裂带天然气主要聚集在石炭系与中下二叠统,而乌-夏断裂带与玛湖斜坡区的天然气在中下三叠统也有分布。

5.2.1　天然气组分

天然气化学组分总体可分为烃类气体和非烃类气体两类,各组分气体所占比例不仅受其自身成因所制约,也与后期天然气运移、生物降解和混合等地质作用有关(Behar et al.,1992;戴金星,1992;Chen et al.,2000;Cao et al.,2012)。因此,研究天然气组分特征对于其成因分析及气藏形成规律等研究具有实际意义。如表 5-1,准噶尔盆地玛湖凹陷研究区天然气以烃类气体为主(平均相对含量 95.3%),其中甲烷相对含量平均84.8%,干燥系数[$C_1/\sum(C_1-C_5)$]平均 0.89,总体表现为湿气特征。在研究区不同地区间,甲烷相对含量表现出一定的差异。如表 5-1,中拐北坡甲烷平均相对含量为 89.5%,在研究区中最高,往下依次为玛湖斜坡区(平均相对含量 83.9%)、乌-夏断裂带(平均相对含量 82.7%)及克-百断裂带(平均相对含量 81.3%)。可见,这四个地区甲烷相对含量表现出中拐北坡＞玛湖斜坡带＞乌-夏断裂带＞克-百断裂带的特征。

对于有机成因的烷烃气,通常而言,随着成熟度增加,其甲烷相对含量或干燥系数[$C_1/\sum(C_1-C_5)$]也逐渐增大(Stahl and Carey,1975;Prinzhofer et al.,2000;James,1983)。由此可以推断,研究区自断裂带—玛湖斜坡区—中拐北坡,天然气的成熟度总体呈现逐渐增大的趋势。这种天然气成熟度在空间上的变化特点,就理论而言,影响因素可能包括两方面:天然气源岩的性质与运移作用。其中,天然气源岩性质的差异表现在两方面,一个是源岩演化程度的差异,另一个是腐泥型有机质和腐殖型有机质生成的两类天然气其组分本身比例间的差异。研究表明,以缩合多环结构化合物为主的腐殖型有机质由于带有较短侧链,生成的甲烷含量要大于以长链结构为主的腐泥型有机质。如图5-19,结合后文根据碳同位素所划分的煤型气与油型气类型,分别作成两种成因类型天然气的甲烷相对含量与深度相关关系图,发现煤型气甲烷平均相对含量(90.9%)的确大于油型气(82.1%)。原因既与两类有机质本身性质差异有关,也与煤型气源岩演化程度普遍大于油气气源岩有关。此外,两种类型的天然气在深度上自下而上,甲烷相对含量都表现出逐渐增高的趋势,这表明运移过程对研究区天然气组分有一个明显的分异作用,由于甲烷分子量小,因此运移得更快更远,导致研究区上部地层天然气相对更加富集甲烷。

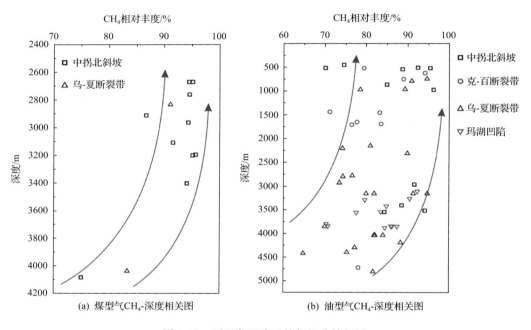

(a) 煤型气CH_4-深度相关图　　　(b) 油型气CH_4-深度相关图

图 5-19　环玛湖凹陷天然气组分特征图

5.2.2　天然气稳定碳同位素

天然气稳定碳同位素组成是鉴别天然气成因最常用的指标之一,对其母质类型和成熟度等具有重要指示意义(Stahl and Carey,1975;James,1983;Clayton,1991;Galimov,2006)。通常而言,天然气碳同位素会随成熟度增大而逐渐变重。此外,若处于相似的演化阶段,煤型气碳同位素要明显重于油型气。对于常用的C_1—C_4系列碳同位素,重碳同位素($\delta^{13}C_2$、$\delta^{13}C_3$及$\delta^{13}C_4$等)具有较强的原始母质继承性,往往是识别天然气母质类型的有效指标(James,1983);而相较而言,甲烷碳同位素受成熟度影响较大,主要应用于区分相同类型不同成熟度阶段的天然气(戴金星等,2005)。

1. $\delta^{13}C_1$

环玛湖凹陷地区的天然气 $\delta^{13}C_1$ 值总体分布在 $-54.38\text{‰} \sim -26.60\text{‰}$（表 5-1），如图 5-20，从断裂带—玛湖斜坡区—中拐北坡，天然气 $\delta^{13}C_1$ 值有一个逐渐增大的趋势，此趋势与前文天然气的甲烷相对含量特征类似，共同反映了天然气成熟度在空间上的变化特点。

对于天然气成因的判别，$\delta^{13}C_1$ 在有机成因气与无机成因气中有较明显的差异，并且通常认为除了过成熟煤型气以外，有机成因的天然气 $\delta^{13}C_1$ 值往往小于 -30‰，而无机成因的天然气 $\delta^{13}C_1$ 值绝大部分大于 -30‰。另外，负碳序列也是识别无机成因气的一个典型标志（戴金星，1992；戴金星等，2005）。如表 5-1，研究区天然气 $\delta^{13}C_1$ 值绝大部分小于 -30‰ 且无负碳序列，反映出有机成因天然气的特征。虽然有部分中拐北坡 P_1j 的天然气样品 $\delta^{13}C_1$ 值较重（$-29.65\text{‰} \sim -26.60\text{‰}$），但这类天然气并不属于无机成因，因为其系列碳同位素并未出现负碳序列，且组分特征显示，这些样品的 C_1/C_{2+3} 值在 $4.8 \sim 44$，远小于无机成因气的 C_1/C_{2+3} 值（达到 10^3 以上）（戴金星，1992；Wehlan，1987）。因此这部分较重的 $\delta^{13}C_1$ 值最有可能代表过成熟煤型气特征，此外，还可能与部分细菌降解作用有关（参见后文分析）。

对于有机成因天然气，依据成熟度由低到高还可划分为生物气、热解气与裂解气三类。其中，生物气以高甲烷含量（$CH_4 > 97\%$）与低 $\delta^{13}C_1$ 值（$\delta^{13}C_1 < -55\text{‰}$）为特征；热解气 $\delta^{13}C_1$ 值均大于 -55‰，重烃气含量较高（一般大于 5%），其中油型热解伴生气 $\delta^{13}C_1$ 值范围在 $-55\text{‰} \sim -37\text{‰}$，煤型热解 $\delta^{13}C_1$ 值范围在 $-42\text{‰} \sim -35\text{‰}$；裂解气重烃气含量极低（小于 2%），其中油型裂解气 $\delta^{13}C_1$ 值范围在 $-37\text{‰} \sim -30\text{‰}$，煤型裂解气 $\delta^{13}C_1$ 值范围在 $-35\text{‰} \sim -20\text{‰}$（戴金星，1992；Tissot and Welte，1984）。如表 5-1 及图 5-20 所示，研究区乌-夏断裂带 P_1f 大量样品 $\delta^{13}C_1$ 值接近 -55‰，但这些样品中重烃气所占比例较高，干燥系数均小于 0.9，因此排除了生物气的可能，仅可能说明这类天然气的成熟度较低。从图 5-21 中还可以看到，研究区油型气基本以热解伴生气为主，而煤型气则以裂解气为主，反映了源岩性质差异对油气产量与性质的控制。

2. $\delta^{13}C_2$ 和 $\delta^{13}C_3$

烷烃气中的 $\delta^{13}C_2$ 与 $\delta^{13}C_3$ 具有较强的原始母质继承性，且受成熟度影响较小，因此通常被用作识别天然气成因类型的指标。戴金星等（2014）综合中国及国外 7 个盆地已明确成因类型的烷烃气数据，编制了 $\delta^{13}C_1$-$\delta^{13}C_2$-$\delta^{13}C_3$ 的"V"形鉴别图，用以区分天然气的不同成因类型，应用性良好。据此，将研究区数据投入图版中，发现 $\delta^{13}C_2$ 和 $\delta^{13}C_3$ 所指示的天然气类型表现出较高的一致性：克-百断裂带样品全部表现为油型气；乌-夏断裂带与玛湖斜坡区天然气也以油型气为主，混有少量的煤型气与混合气；相比而言中拐北坡天然气类型多样，其中石炭系样品为油型气，P_1j 样品为煤型气，P_2w 样品具有煤型气、油型气及混合气等三类（图 5-20）。

进一步根据常用的中国天然气 $\delta^{13}C_1$-R_o 关系回归方程（煤型气：$\delta^{13}C_1 \approx 14.12\lg R_o - 34.39$；油型气：$\delta^{13}C_1 \approx 15.80\lg R_o - 42.20$）（戴金星，1992），结合 $\delta^{13}C_2$ 与 $\delta^{13}C_3$ 特征，可指

示出不同类型天然气的成熟演化程度(Cao et al.,2012;Chen et al.,2014)。如图5-21,研究区油型气成熟度总体在低熟-高熟,其中低熟样品占大多数,说明油型气以伴生气为主;相比而言,煤型气成熟度较高,总体在成熟-高熟,中拐北坡 P_1j 天然气 $\delta^{13}C_1$ 值($-29.65‰\sim-26.60‰$)表现出过成熟特征(R_o 在 $2.17\%\sim3.56\%$)。

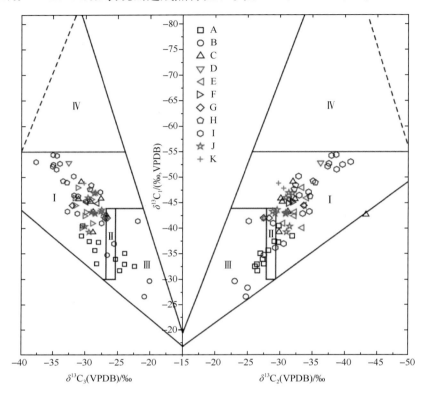

图 5-20　准噶尔盆地环玛湖凹陷天然气 $\delta^{13}C_1$—$\delta^{13}C_2$—$\delta^{13}C_3$ 有机不同成因烷烃气鉴别图

黑色点代表中拐北坡样品;红色点代表克-百断裂带样品;紫色点代表乌-夏断裂带样品;绿色点代表玛湖斜坡区样品;
A. 中拐北坡 P_2w;B. 中拐北坡 P_1j;C. 中拐北坡 C;D. 克-百断裂带 P_1f;E. 克-百断裂带 C;F. 乌-夏断裂带 T_2k;
G. 乌-夏断裂带 T_1b;H. 乌-夏断裂带 P_2x;I. 乌-夏断裂带 P_1f;J. 玛湖斜坡带 T_1b;K. 玛湖斜坡带 P_2w;
Ⅰ. 油型气区;Ⅱ. 煤型气和(或)油型气区;Ⅲ. 煤型气区;Ⅳ. 生物气和亚生物气区

3. 系列碳同位素组成

天然气系列碳同位素组成具有重要的地质地球化学指示意义。原生有机成因烷烃气碳同位素值通常会随碳分子数增加顺序递增($\delta^{13}C_1<\delta^{13}C_2<\delta^{13}C_3<\delta^{13}C_4$)(戴金星,1992;Boreham and Edwards,2008),但混源和次生作用会破坏此规律,使天然气发生碳同位素倒转,即不严格遵循随碳数增大而同位素值逐渐升高的规律(Fuex,1977)。负的碳同位素系列通常是无机成因气的特征($\delta^{13}C_1>\delta^{13}C_2>\delta^{13}C_3>\delta^{13}C_4$)(戴金星等,2003)。

如表5-1及图5-22,研究区的天然气系列碳同位素普遍存在倒转现象,尤以中拐北坡最为普遍,特别是中拐北坡 P_2w 和 C 样品,发生碳同位素倒转的比例分别为 73% 与

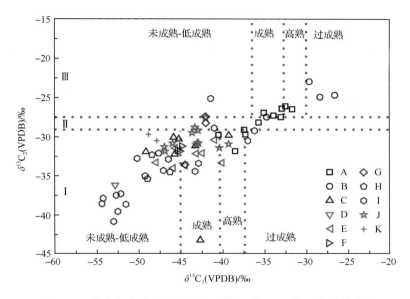

图 5-21　准噶尔盆地环玛湖凹陷天然气 $\delta^{13}C_1$—$\delta^{13}C_2$ 相关关系图

黑色点代表中拐北坡样品；红色点代表克-百断裂带样品；紫色点代表乌-夏断裂带样品；绿色点代表玛湖斜坡区样品；
A. 中拐北坡 P_2w；B. 中拐北坡 P_1j；C. 中拐北坡 C；D. 克-百断裂带 P_1f；E. 克-百断裂带 C；F. 乌-夏断裂带 T_2k；
G. 乌-夏断裂带 T_1b；H. 乌-夏断裂带 P_2x；I. 乌-夏断裂带 P_1f；J. 玛湖斜坡带 T_1b；K. 玛湖斜坡带 P_2w；
Ⅰ. 油型气区；Ⅱ. 煤型气和（或）油型气区；Ⅲ. 煤型气区

71%。总体而言，这些倒转以 $\delta^{13}C_1<\delta^{13}C_2>\delta^{13}C_3<\delta^{13}C_4$ 与 $\delta^{13}C_1<\delta^{13}C_2<\delta^{13}C_3>\delta^{13}C_4$ 为主。综合前文对天然气类型的分析，中拐北坡 P_2w 煤型气和油型气的普遍混合是导致此地区地层碳同位素倒转的主要原因。相比而言，中拐北坡 C 发现的均为油型气，不存在煤型气的混入。因此，考虑该地区烃源岩发育背景，同源不同期的油型气混合可能是导致中拐北坡 C 碳同位素倒转的重要原因。而据后文分析，中拐北坡存在的生物降解作用也可能是碳同位素发生倒转的一个因素（参见后文）。

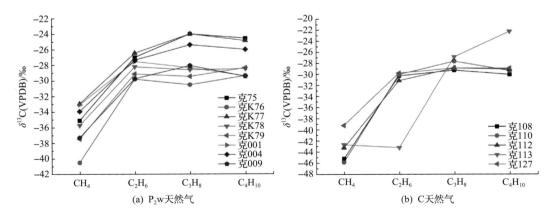

图 5-22　中拐北坡天然气的碳同位素倒转现象

表 5-1　玛湖凹陷天然气组分与碳同位素数据

地区	地层	井号	深度/m	天然气组分/%							干燥系数	$\delta^{13}C$(VPDB)/‰			
				CH_4	C_2H_6	C_3H_8	C_4H_{10}	C_5H_{12}	N_2	CO_2		CH_4	C_2H_6	C_3H_8	C_4H_{10}
中拐北坡	P_2w	克82	3548	84.33	5.91	3.11	0	0	2.65	0	0.90	−38.5	−31.84	−30.66	−30.64
		克75	2672	95.06	3.11	0.75	0	0	0.55	0	0.96	−31.69	−26.49	−24.74	—
		克75	2672	94.4	3.11	0.77	0	0	1.15	0	0.96	−35.07	−26.94	−23.96	−24.52
		克76	2964.6	91.52	4.78	1.76	0	0	0.82	0	0.93	−40.48	−29.77	−30.5	−29.34
		克76	2964.6	94.27	2.83	0.9	0	0	1.34	0	0.96	−32.5	−26.11	−22.45	
		克77	2763	94.49	3.13	0.92	0	0	1.08	0	0.96	−32.93	−26.41	−23.97	−24.83
		克78	3264	92.89	3.37	1.12	0	0	1.99	0	0.95	−35.68	−28.18	−28.58	−28.44
		克79	3521	94.08	2.46	0.85	0	0	1.76	0	0.97	−37.43	−29.11	−29.44	−28.33
		克001	2913	86.61	5.62	3.34	0	0	1.19	0	0.91	−33.04	−27.49	−28.31	−29.38
		克004	3195	95.63	2.1	0.49	0	0	1.59	0	0.97	−33.91	−27.3	−25.36	−25.96
		克009	3408	88.48	4.6	2.22	0	0	1.55	0	0.93	−37.27	−29.7	−28.04	−29.42
	P_1j	克007	3109	91.52	4.78	1.76	0	0	0.82	0	0.93	−34.73	−27.48	−26.69	−27.88
		克82	4084	74.9	11.01	4.49	0	0	4.59	0.52	0.83	−29.65	−22.98	−20.12	−20.02
		克305	3200	95.06	1.77	0.39	0.16	0.03	2.45	0.09	0.98	−28.37	−24.95	—	—
		克305	3403	94.05	2.14	0.19	0.05	2.47	0.1		0.97	−26.6	−24.7	−20.92	—
	C	克108	546	88.61	3.26	2.79	2.34	1.08	0.89	0.22	0.90	−45.19	−30.29	−29.27	−30.05
		克110	456	74.44	8.31	7.24	5.45	1.94	1.24	0.33	0.76	−45.83	−30.07	−27.67	−29.37
		克112	520	69.98	11.31	9.12	6.31	2.09	0.19	0.13	0.71	−43.23	−31.16	−28.89	−29.11
		克113	980	96.11	1.2	0.17	0.26	0.03	1.97	0.18	0.98	−42.66	−43.21	−26.88	−22.26
		克116	524	95.28	2	1.16	0.62	0.16	0.57	0.15	0.96	−49.13	−31.94	−30.73	−29.74
		克120	516	92.3	3.41	1.22	0.56	0.15	1.99	0.29	0.95	−45.71	−32.24	−31.13	−29.63
		克127	870	84.85	6.96	3.29	2.18	0.94	1.03	0.05	0.86	−39.24	−29.81	−28.9	−28.95
克-百断裂带	P_1f	百泉1	4724	77.99	9.34	5.35	3.2	1.53	1.19	0.08	0.80	−52.79	−36.22	−32.65	−31.69
	C	克94	1440	71.05	12.42	7.02	4.71	1.93	1.47	0.07	0.73	−45.9	−34.04	−31.71	−31.04
		白1	1458	83.08	6.06	3.71	2.84	1.2	1.93	0.25	0.86	−42.43	−32.13	−30.18	−29.79
		白17	1694	83.44	7.13	3.2	2.07	0.98	2.26	0.07	0.86	−44.45	−33.69	−31.61	−31.06
		白18	1712	76.33	10.08	4.92	2.8	1.18	3.73	0.03	0.81	−47.94	−33.32	−31.25	−31.66
		白3	629	94	2.72	0.52	0.29	0.11	1.99	0.28	0.96	−45.64	−31.46	−29.15	−28.26
		白4	756	88.84	2.55	4.7	2.37	0.7	0.34	0.07	0.90	−43.13	−32.18	−29.98	−29.77
		白7	1656	77.57	8.1	5.16	3.52	1.44	3.1	0.08	0.81	−40.07	−33.36	−30.63	−31.12
		克92	524	79.29	8.55	5.44	3.67	1.24	1.08	0.09	0.81	−40.93	−30.4	−29	−28.29

地区	地层	井号	深度/m	天然气组分/%							干燥系数	$\delta^{13}C(VPDB)/‰$			
				CH_4	C_2H_6	C_3H_8	C_4H_{10}	C_5H_{12}	N_2	CO_2		CH_4	C_2H_6	C_3H_8	C_4H_{10}
乌-夏断裂带	T_2k	乌002	795	90.8	2.26	1.31	1.02	0.61	3.21	0.14	0.95	−45.37	−31.74	−30	−29.65
		乌005	967.5	89.19	3.15	1.84	1.68	0.82	1.95	0.74	0.92	−44.84	−31.21	−28.25	−29.02
		乌33	749	94.47	1.54	0.65	0.35	0.12	1.95	0.85	0.97	−45.08	−31.85	−29.93	−29.77
	T_1b	夏91-H	2796	74.24	7.52	4.35	3.52	1.65	6.95	0.43	0.81	−44.45	−33.59	−32.09	−30.29
		夏93	2680~2712	90.38	3.08	0.94	0.86	0.42	2.49	1.35	0.94	−41.98	−28.27	−27.02	−26.84
		夏94	2835	91.02	2.7	0.85	0.97	0.76	1.88	0.77	0.95	−42.02	−27.42	−26.67	−26.54
	P_2x	风南052	2205.5	74.11	4.61	3.34	2.8	2.5	2.25	4.19	0.85	−46.25	−34.54	−31.21	−34.16
		乌35	2152	80.9	7.6	3.63	2.07	0.93	4.15	0.28	0.85	−49.22	−35.03	−33.5	—
		乌35	2778	76.51	9.48	4.99	2.75	1.1	3.94	0.53	0.81	−47.62	−32.12	−29.38	—
		乌35	2927	73.4	9.75	5.6	3.16	1.38	4.93	0.44	0.79	−48.41	−32.34	−29.17	—
		乌27	2311	89.81	3.13	2.11	0	0	0.23	1.92	0.94	−48.93	−35.4	−32.91	−31.92
	P_1f	风501	972	78.36	6.65	5.88	3.54	1.75	2.5	0	0.81	−52.98	−40.85	−37.7	−34.55
		风7	3153.5	79.83	4.51	2.1	0	0	11.53	0	0.92	−43.27	−34.45	−32.84	—
		风7	3153.5	81.84	4.91	2.07	0	0	9.69	0	0.92	−42.85	−33.44	−31.31	—
		风7	3153.5	94.6	3.91	0.43	0	0	0.39	0	0.96	−36.96	−30.53	−25.61	—
		风7	3153.5	91.23	1.48	0.24	0	0	6.63	0.09	0.98	−36.15	−29.24	—	—
		风城1	3855	69.89	5.52	2.56	1.45	1.65	11.5	4.04	0.86	−52.66	−37.5	−34.01	−33.62
		风城1	4193.9	88.22	5.28	2.08	1.49	0.64	1.47	0.22	0.90	−50.17	−32.8	−31.89	−30.15
		风南2	4037.8	83.96	6.96	2.96	0	0	4.49	0	0.89	−52.47	−39.58	−35.02	−33.16
		风南2	4037.8	82.06	8.98	3.99	0	0	2.71	0	0.86	−51.52	−38.67	−34.54	−31.79
		风南2	4037.8	81.84	4.91	2.07	0	0	9.69	0	0.92	−47.05	−34.34	−27.78	−21.28
		风南2	4037.8	83.25	5.39	2.22	0	0	7.66	0	0.92	−41.37	−25.14	−21.98	−24.28
		风南5	4394.2	75.24	11.27	6.91	3.44	1.46	0.61	0.16	0.77	−54.38	−38.6	−35.05	−33.49
		风南5	4418	64.68	10.2	7.21	4.38	3.28	2.02	0.35	0.72	−54.23	−37.9	−34.46	−36.82
		风南7	4296	77.13	11	4.97	2.36	1.04	2.68	0	0.80	−52.11	−37.31	−35.13	−34.01
		夏69	1468	93.78	2.5	0.68	0	0	2.19	0.03	0.97	−40.96	−28.89	−27.57	−27.26
		夏72	4808	81.56	6.48	3.31	2.7	1.6	3.39	0.03	0.85	−46.44	−32.9	−31.82	−31.28
玛湖斜坡区	T_1b	玛13	3106	92.18	3.04	0.83	0.64	0.32	2.56	0.12	0.95	−42.9	−29.2	−27.38	−26.38
		玛134	3169	89.9	3.18	1.01	1.06	0.71	3.02	0.32	0.94	−41.99	−27.52	−27.19	−26.04
		玛2	3425	84.75	6.81	3.12	0	0	2.09	0	0.90	−46.93	−31.3	−28.52	−27.78
		玛6	3880	84.38	6.23	3.1	3.39	1.56	0.7	0.09	0.86	−46.84	−31.87	−28.74	−28.71
		玛湖1	3284~3310	79.52	8.91	3.38	1.6	0.42	5.52	0.21	0.85	−45.95	−30.83	−29.67	−28.75
		艾湖011	3848	85.93	5.06	2.18	2.06	0.89	3.14	0.22	0.89	−43.11	−31.01	−29.17	−28.25

地区	地层	井号	深度 /m	天然气组分/%							干燥系数	$\delta^{13}C$(VPDB)/‰			
				CH_4	C_2H_6	C_3H_8	C_4H_{10}	C_5H_{12}	N_2	CO_2		CH_4	C_2H_6	C_3H_8	C_4H_{10}
玛湖斜坡区	T_1b	艾湖013	3798	70.23	7.7	5.23	5.13	2	6.47	1.46	0.78	−40.36	−31.44	−30.15	−29.36
		艾湖1	3848	70.65	7.99	5.2	5.51	2.47	4.8	1.87	0.77	−39.26	−30.94	−29.52	−29.03
		玛139	3261	90.39	2.82	0.79	0.79	0.5	3.82	0.37	0.95	−43.60	−29.50	−27.56	−26.47
		玛154	3026	92.74	2.84	0.83	0.82	0.54	1.38	0.43	0.95	−43.28	−28.81	−27.69	−28.58
		玛18	3854	86.08	5.23	2.29	2.14	0.76	2.19	0.78	0.89	−42.83	−30.82	−28.58	−27.73
		玛18	3854	87.34	4.3	1.78	1.52	0.61	3.15	0.87	0.91	−43.00	−30.79	−28.68	−27.50
	P_2w	玛006	3544	83.4	5.18	1.85	1.32	0.56	7.24	0.1	0.90	−48.82	−29.7	−30.28	−29.99
		玛2	3561	77.5	8.74	4.68	0	0	2.23	0	0.85	−47.83	−30.5	−29.5	−29.05

注："—"表示无测试数据。

4. 天然气轻烃

轻烃是原油与天然气中非常重要的组成部分,一般指分子碳数为 $C_5 \sim C_7$ 的化合物,其组成蕴含着丰富的有关其来源、热成熟度及次生作用的信息(Thompson,1979;Peters et al.,2005)。研究区轻烃数据见表5-2。

表5-2 玛湖凹陷天然气与凝析油轻烃参数

地区	地层	井号	深度/m	庚烷值/%	异庚烷值	nC_7/%	MCH/%	$\sum$DMCP/%
中拐北坡	P_1j	克305	3200	7.51	1.61	15.86	73.75	10.39
		克305	3403	6.52	1.00	12.80	75.57	11.62
	C	克108	546	20.00	1.46	40.11	33.38	26.51
		克108	746	22.09	1.63	41.64	34.46	23.90
		克110	456	18.62	1.30	37.00	33.73	29.27
		克110	456	20.84	1.55	41.88	33.82	24.30
		克112	520	22.43	1.58	43.42	31.73	24.85
		克113	980	14.01	1.52	30.48	39.04	30.48
		克127	870	23.88	1.62	44.30	33.98	21.72
克-百断裂带	P_1f	克88	3206	27.51	1.84	48.88	29.96	21.16
		百泉1	4724	19.24	1.08	37.01	36.55	26.44
	C	白1	1458	10.71	0.36	17.24	26.41	56.35
		白17	1694	25.02	1.65	46.29	29.40	24.32
		白3	629	20.09	0.95	35.00	32.62	32.38
		白4	756	18.62	1.30	37.00	33.73	29.27
		白7	1656	23.43	1.61	43.93	30.88	25.19
		克92	507.64	24.85	1.68	45.11	33.42	21.47
		克92	524	21.33	1.53	41.39	33.92	24.69
		克92	576	24.13	1.67	44.61	33.95	21.44
		克94	1440	23.25	1.64	44.93	28.75	26.32

续表

地区	地层	井号	深度/m	庚烷值/%	异庚烷值	nC_7/%	MCH/%	$\sum$DMCP/%
乌-夏断裂带	T_2k	乌 002	795	23.82	1.61	44.51	30.34	25.15
		乌 32	1952	26.90	3.76	59.23	21.74	19.03
		乌 33	749	25.56	2.04	47.85	31.78	20.37
		乌 003	1032	21.29	1.51	40.75	32.96	26.30
		乌 005	967.5	23.71	1.65	44.66	30.40	24.94
		乌 33	749	24.11	1.43	45.33	26.67	28.00
		夏 18	1565	27.20	2.21	49.62	22.64	27.74
		夏 77	1612	27.39	3.69	57.67	25.10	17.22
	T_1b	夏 91-H	2796	25.42	2.12	45.45	28.28	26.26
		夏 93	2680～2712	26.10	4.88	57.89	30.08	12.03
		夏 94	2835	26.89	4.53	60.17	23.73	16.10
		乌 002	1013	21.03	1.45	36.26	42.30	21.45
	P_2x	乌 27	2311	10.17	1.22	20.83	45.22	33.95
		乌 35	2152	25.19	1.36	46.05	26.27	27.68
		乌 35	2778	25.12	1.44	45.52	29.59	24.90
		乌 35	2927	27.49	1.70	50.61	24.33	25.06
		风南 052	2205.46	9.26	1.10	20.96	38.32	40.72
	P_1f	夏 69	1468	24.47	3.46	50.80	30.66	18.53
		夏 72	4808	23.67	1.98	44.95	34.44	20.61
		风 501	972	21.34	1.64	40.95	34.29	24.75
		风城 011	3852	24.37	3.56	51.79	32.14	16.07
		风城 1	3855	24.04	1.91	46.45	24.52	29.03
		风城 1	4193.97	24.00	2.42	48.00	28.00	24.00
		风南 5	4394.19	24.06	1.35	43.41	30.68	25.91
		风南 5	4418	24.17	1.31	42.99	30.77	26.24
		风南 7	4296	20.55	0.86	36.59	29.27	34.15
玛湖斜坡区	T_1b	玛 13	3106	30.38	5.00	63.16	23.68	13.16
		玛 134	3169	28.29	4.80	59.72	26.39	13.89
		玛湖 1	3284～3310	23.53	1.55	45.45	29.55	25.00
		艾湖 011	3848～3882	25.00	9.00	58.33	33.33	8.33
		艾湖 013	3798～3816	9.09	0	33.33	66.67	0
		艾湖 1	3848～3862	30.28	5.43	64.18	25.37	10.45
		玛 139	3261～3277	30.00	10.00	64.29	28.57	7.14
		玛 154	3026～3037	25.93	10.00	63.64	27.27	9.09
		玛 18	3854～3871	25.23	7.33	59.57	30.85	9.57
		玛 18	3854～3871	22.86	11.00	57.14	35.71	7.14

　　轻烃中 C_7 系列的相对含量是研究天然气母质来源的重要指标。C_7 轻烃包括三类：正庚烷（nC_7）、甲基环己烷（MCH）及各种结构的二甲基环戊烷（$\sum DMCP$）。其中，nC_7 主要来自藻类和细菌，受成熟度影响较大；MCH 主要来自高等植物木质素、纤维素和醇类等，热力学性质相对稳定，是指示陆源母质的良好参数，较高的 MCH 含量是煤成气轻烃的一个特点（廖永胜等，1989）；而各种结构的 DMCP 主要来自水生生物的类脂化合物，受成熟度的影响（胡国艺等，2007），它的大量出现是油型气轻烃的一个特点。如图 5-23，研究区天然气 C_7 轻烃中以 nC_7 相对含量最大，在 $12.8\%\sim64.29\%$，平均为 44.59%，表明藻类与细菌是天然气的主要母质来源，天然气以油型气为主；而中拐北坡 P_1j 天然气样品 MCH 相对含量较高，平均 74.66%，是煤型气的典型特征。这与前文烷烃气碳同位素特征得出结论一致。

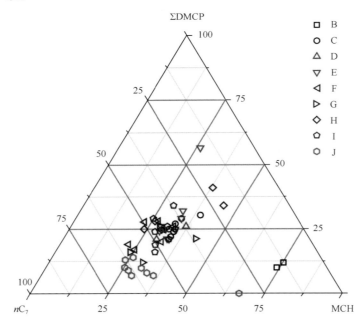

图 5-23　准噶尔盆地环玛湖凹陷天然气 C_7 系列化合物三角图

黑色点代表中拐北坡样品；红色点代表克-百断裂带样品；紫色点代表乌-夏断裂带样品；绿色点代表玛湖斜坡区样品；
B. 中拐北坡 P_1j；C. 中拐北坡 C；D. 克-百断裂隆起带 P_1f；E. 克-百断裂带 C；F. 乌-夏断裂带 T_2k；G. 乌-夏断裂带 T_1b；H. 乌-夏断裂带 P_2x；I. 乌-夏断裂带 P_1f；J. 玛湖斜坡带 T_1b

　　Thompson（1983）指出，轻烃中的庚烷值（庚烷/异庚烷）可以用来指示其成熟度与生物降解作用。当庚烷值为 $18\sim30$ 时，被认为是正常成熟油气；当庚烷值大于 30 时，被认为是过成熟油气；而当庚烷值小于 18 时，往往指示了生物降解作用，生物降解甚至会导致庚烷值降低至零。此外，需要注意的是，未经生物降解的低熟油气庚烷值也会低至 12 左右。如图 5-24，中拐北坡 P_1j 天然气的轻烃庚烷值在 7 左右，显示了细菌降解特征。除轻烃证据以外，储层中也广泛保存了其他证据表明存在生物降解作用。如图 5-25，分析高 $\delta^{13}C_1$ 值井（克 82 井）产气段的岩石抽提物生物标志化合物，可以看出其正构烷烃严重缺失，藿烷类、规则甾烷与重排甾烷受到严重侵蚀，而三环萜烷、孕甾烷与升孕甾烷由于相对强抗生物降解而得以保存(Reed，1977；Connan et al.，1980)。综合上述，我们推断出中拐北坡 P_1j 存在生物降解作用,这使得甲烷碳同位素变重(戴金星等,2003)。在高演化与生物降解的共同作用下,天然气表现出很高的 $\delta^{13}C_1$ 值。

在以油型气为主的地区(克-百断裂带、乌-夏断裂带、玛湖斜坡区及中拐北坡石炭系等),其天然气轻烃显示的成熟度要普遍大于碳同位素显示的成熟度(图 5-21、图 5-24)。尤其是乌-夏断裂带 P_1f 的天然气,其样品的 $\delta^{13}C_1$ 值与对应的轻烃值具有非常大的差异(表 5-1、表 5-2):由 $\delta^{13}C_1$ 计算出的油型气成熟度为未熟或低熟,而轻烃则表现为成熟或高熟特征。许多学者认为,天然气碳同位素与轻烃这两类分析方法估算出的热演化程度分别反映了轻质组分(CH_4)和重质组分(C_5^+)的热演化程度,如若两者反映出的成熟度不一致,则表明可能是多期成藏或混合成藏所造成的(陈践发等,2010；Cao et al.，2012)。由于以上这些地区地层均以油型气为主,混源特征不明显,表明这类油型气至少存在两期成藏。

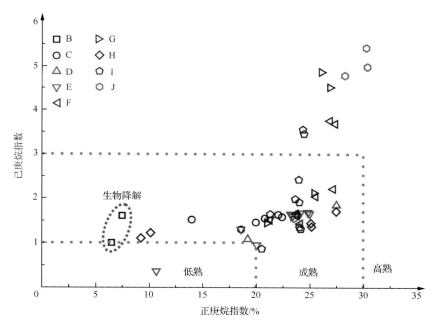

图 5-24　准噶尔盆地环玛湖凹陷天然气庚烷值与异庚烷值相关关系图

黑色点代表中拐北坡样品；红色点代表克百断裂带样品；紫色点代表乌-夏断裂带样品；绿色点代表玛湖斜坡区样品；
B. 中拐北坡 P_1j；C. 中拐北坡 C；D. 克-百断裂隆起带 P_1f；E. 克百断裂带 C；F. 乌-夏断裂带 T_2k；G. 乌-夏断裂带 T_1b；H. 乌-夏断裂带 P_2x；I. 乌-夏断裂带 P_1f；J. 玛湖斜坡带 T_1b

5.2.3　天然气成因分类

根据上文对天然气地球化学特征的分析,包括组分、稳定碳同位素及轻烃等,结合研究区烃源岩发育地质背景,可对准噶尔盆地环玛湖凹陷研究区的天然气进行成因类型综合判别。如表 5-3,可将研究区天然气划分为 4 类,依据目前勘探所揭示的天然气分布比重从高到低依次为 P_1f 来源油型气、C/P_1j 来源煤型气、P_2w 来源煤型气和二叠系来源混

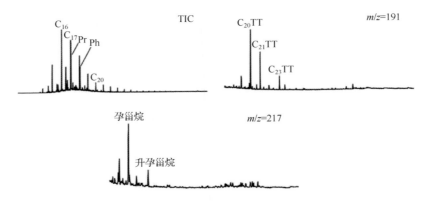

图 5-25　准噶尔盆地中拐北坡 P_1j 岩石抽提物生物标志物谱图

克 82 井,4084.6m,P_1j;TT. 三环萜烷;TIC. 总离子流

合气。目前天然气类型分布特点为:克-百断裂带、玛湖斜坡区和乌-夏断裂带的天然气类型主要为油型气;相较而言,中拐凸起北坡天然气类型既有油型气也有煤型气。

表 5-3　玛湖凹陷天然气类型和主要地球化学特征

成因类型	成因	分布	天然气干燥系数	碳同位素	轻烃	生物标志化合物
I	P_1f 来源油型气	整个研究区	0.71~0.98	$\delta^{13}C_1=-55‰\sim-37‰$ $\delta^{13}C_2=-40‰\sim-30‰$ $\delta^{13}C_3=-38‰\sim-27‰$	MCH<40%	三环萜烷 $C_{20}<C_{21}<C_{23}$
II	C/P_1j 来源煤型气	中拐凸起北坡	0.90~0.99	$\delta^{13}C_1=-35‰\sim-30‰$ $\delta^{13}C_2=-27.5‰\sim-23‰$ $\delta^{13}C_3=-25‰\sim-20‰$	MCH≈75%	三环萜烷 $C_{20}>C_{21}>C_{23}$
III	P_2w 来源煤型气	中拐凸起北坡	0.90~0.97	$\delta^{13}C_1=-37‰\sim-32‰$ $\delta^{13}C_2=-27.5‰\sim-25.5‰$ $\delta^{13}C_3=-25‰\sim-22.5‰$	MCH>50%	三环萜烷 $C_{20}<C_{21}<C_{23}$
IV	二叠系来源混合气	玛湖斜坡区及乌-夏断裂带	0.90~0.95	$\delta^{13}C_1=-45‰\sim-40‰$ $\delta^{13}C_2=-27.5‰\sim-25‰$ $\delta^{13}C_3=-26‰\sim-22‰$	—	三环萜烷以 $C_{20}>C_{21}<C_{23}$ 为主

注:"—"为无分析数据。

1. 二叠系风城组来源油型气

该类天然气在研究区分布最为广泛,是克-百断裂带、玛湖斜坡区及乌-夏断裂带天然气的主要类型。从烃源岩发育背景看,以上三个地区距 P_1f 烃源岩的沉积中心最近(图 5-16),因此 P_1f 来源油型气就近运聚,在这三个地区天然气中所占比例最大;相比而言,玛湖凹陷西南边缘的中拐北坡则远离 P_1f 烃源岩沉积中心(图 5-16),因此 P_1f 油型气在此地区所占比例相对较小。

该类天然气典型地球化学特征是 $\delta^{13}C_2$ 值分布在 $-40‰\sim-30‰$，$\delta^{13}C_3$ 值分布在 $-38‰\sim-27‰$，并且 $\delta^{13}C_2$ 与 $\delta^{13}C_3$ 特征有较高的一致性，反映出典型油型天然气的特征。同样，其轻烃 C_7 系列化合物中 MCH 的相对含量基本小于 40%，说明陆源母质贡献小，也指示了油型气特征。$\delta^{13}C_1$ 值跨度较大，在 $-55‰\sim-37‰$，且自断裂带—玛湖斜坡区—中拐北坡方向，油型气 $\delta^{13}C_1$ 值有一个逐渐增大的趋势（图 5-20）。参考 P_1f 烃源岩发育背景，发现天然气成熟度在空间上的这种变化规律与其运聚距离有关。距离源岩越近，早期与低熟原油伴生的天然气聚集成藏保留的越多；而晚期成熟度较高的油型气因为其轻质成分所占比例增大且扩散能力增强，因此远聚距离较远。如前文所述，天然气的这种扩散规律不仅表现在平面上，在剖面上也是如此。可见在研究区，这是一种普遍存在的天然气运移规律。

值得注意的是，距离 P_1f 烃源岩沉积中心最近的天然气样品来自乌-夏断裂带 P_1f，其 $\delta^{13}C_1$ 值跨度要远大于其他地区，油型气中 $\delta^{13}C_1$ 值最轻（$-54.38‰$）与最重（$-36.15‰$）的样品均采自此层位（图 5-21）。用油型气 $\delta^{13}C_1$-R_o 回归方程计算最重的 $\delta^{13}C_1$ 值（$-36.15‰$）对应 R_o 为 2.4%，并且其干燥系数达 0.98，反映出一些油型裂解气的特征（戴金星，1992）。这可能表明 P_1f 烃源岩有部分已进入高-过成熟演化阶段，但由于此类高-过熟油型气生成的时间短且数量少，因此未进行长距离运移而只滞留在 P_1f 地层中。

如前文所述，依据碳同位素倒转及 $\delta^{13}C_1$ 值与对应的轻烃值所反映的成熟度差异，表明 P_1f 油型气可能存在着多期成藏。为进一步查证，对与天然气共生的原油/储层抽提物进行了生物标志化合物特征分析，分别选取了中拐北坡、克-百断裂带、乌-夏断裂带及玛湖斜坡区各 2 件原油/储层抽提物样品。如图 5-26，在典型反映油源与成熟度的萜烷质谱图（$m/z=191$）中，$C_{20}TT$、$C_{21}TT$ 及 $C_{23}TT$ 均呈上升型分布，且 Ts 含量极低，代表了 P_1f 来源烃类的典型特征（王绪龙，2001）。至于反映成熟度的三环萜烷与藿烷类相对丰度比，四个地区中第二类烃类成熟度均大于第一类，显示出至少存在两期 P_1f 来源烃类的充注，分别形成了低熟及成熟-高熟油型气，可能还存在少量过熟油裂解气。

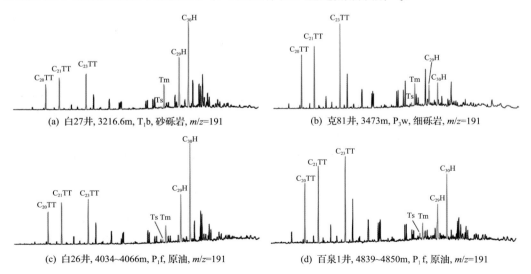

(a) 白27井，3216.6m，T_1b，砂砾岩，$m/z=191$

(b) 克81井，3473m，P_3w，细砾岩，$m/z=191$

(c) 白26井，4034~4066m，P_1f，原油，$m/z=191$

(d) 百泉1井，4839~4850m，P_1f，原油，$m/z=191$

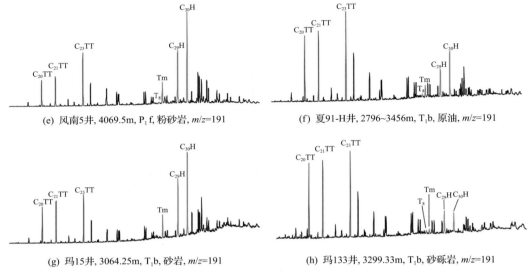

(e) 风南5井, 4069.5m, P_1f, 粉砂岩, m/z=191

(f) 夏91-H井, 2796~3456m, T_1b, 原油, m/z=191

(g) 玛15井, 3064.25m, T_1b, 砂岩, m/z=191

(h) 玛133井, 3299.33m, T_1b, 砂砾岩, m/z=191

图 5-26　玛湖凹陷原油 m/z＝191 色质图

(a)、(b)为中拐北坡；(c)、(d)为克-百断裂带；(e)、(f)为乌-夏断裂带；(g)、(h)为玛湖凹陷

2. 石炭系/二叠系佳木河组来源煤型气

这类天然气样品主要分布于中拐凸起北坡的 P_2w 与 P_1j 地层。从地震地层资料来看，C 与 P_1j 地层在整个研究区广泛分布，但在玛湖凹陷区内埋深较大。因此，目前钻揭的 C/P_1j 烃源岩主要位于中拐凸起。考虑到目前发现的这类煤型气通常是源内或近源成藏，因此推断这类煤型气的分布应不只局限于中拐北坡。在玛湖凹陷，尤其是位于 C/P_1j 烃源岩沉积中心的山前部位深层很有可能存在这类煤型气的纯气藏。

该类天然气典型地球化学特征是 $\delta^{13}C_2$ 值为－27.5‰～－23‰，$\delta^{13}C_3$ 值为－25‰～－20‰，$\delta^{13}C_1$ 值为－35‰～－30‰，MCH 相对含量在 75% 左右，属于成熟-高熟煤型气。气源精确判定利用了克 75 井与克 77 井凝析油样品的生标特征。根据前人研究，划分准噶尔盆地西北缘烃源岩与油源最显著的生物标志物指标是三环萜烷的分布形态，典型的 C/P_1j 烃源岩具有相似或接近的特征，即其三环萜烷 $C_{20}TT$、$C_{21}TT$ 及 $C_{23}TT$ 呈下降型分布，Pr/Ph 值分别接近 1.5 与 2.0，规则甾烷 C_{27}、C_{28} 及 C_{29} 呈递增或不对称"V"形分布（王绪龙，2001；Cao et al.，2006）。如图 5-27，克 75 井凝析油 $C_{20}TT$、$C_{21}TT$ 及 $C_{23}TT$ 呈下降型分布，规则甾烷 C_{27}、C_{28} 及 C_{29} 呈递增趋势分布，Pr/Ph 值为 1.94，这与 P_1j 烃源岩的生标特征非常吻合。另有克 77 井（2763m）凝析油样品，其生物标志物因成熟度高未检出甾烷，但 $C_{20}TT$、$C_{21}TT$ 及 $C_{23}TT$ 呈下降型分布，Pr/Ph 值为 1.32，与 C 烃源岩的生物标志物特征吻合。

3. 二叠系下乌尔禾组来源煤型气

这类天然气在中拐北坡煤型气中占有一定比例，该类天然气的典型特征是 $\delta^{13}C_2$ 值为－27.5‰～－25.5‰，$\delta^{13}C_3$ 值为－25‰～－22.5‰，$\delta^{13}C_1$ 值为－37‰～－32‰，MCH 相对含量大于 50%，属于成熟煤型气。

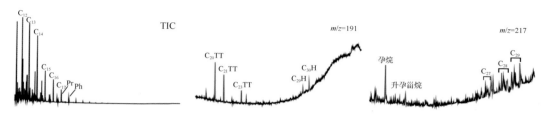

图 5-27　准噶尔盆地中拐凸起北坡克 75 井凝析油主要生物标志化合物参数
克 75 井,2604～2672m,P_2w,凝析油

作为气源判定的凝析油样品来自克 301 井。如图 5-28,克 301 井 $C_{20}TT$、$C_{21}TT$ 及 $C_{23}TT$ 丰度较高,且呈山峰型分布,具有准噶尔盆地西北缘典型的 P_2w 烃源岩特征。此外 Pr/Ph 值为 1.23,具有低丰度的 Ts 值,伽马蜡烷/C_{30} 藿烷值为 0.43,规则甾烷 C_{27}、C_{28} 及 C_{29} 呈递增趋势分布,也符合 P_2w 烃源岩特征(王绪龙,2001;Cao et al.,2006)。甾烷 $C_{29}20S/(20S+20R)$ 值为 0.46,甾烷 $C_{29}\beta\beta/(\beta\beta+\alpha\alpha)$ 值为 0.56,指示了成熟凝析油特征(Curiale et al.,2005),这与天然气 $\delta^{13}C$ 所反映的成熟度特征吻合。

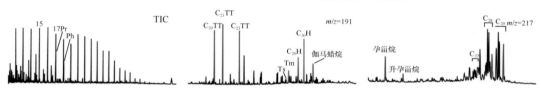

图 5-28　准噶尔盆地中拐凸起北坡克 301 井凝析油主要生物标志化合物参数
克 301 井,3842～3866m,P_1j 凝析油

4. 二叠系来源混合型天然气

这类天然气在研究区所占比重最小,在玛湖斜坡区及乌-夏断裂带见有少量,且表现为煤型气与混合气的特征,典型特征是 $\delta^{13}C_2$ 值为 $-29‰ \sim -25‰$,$\delta^{13}C_3$ 值为 $-27‰ \sim -22‰$,$\delta^{13}C_1$ 值为 $-45‰ \sim -40‰$。

由于缺少凝析油样品,因此利用储层抽提物的生物标志物特点对该类天然气进行来源推断。样品取自与天然气同层的储层抽提物。对这些储层抽提物生标特征进行研究发现,典型的烃源判识指标 $C_{20}TT$、$C_{21}TT$ 及 $C_{23}TT$ 有上升型、下降型、山峰型和山谷型,分别对应了 P_1f、C/P_1j、P_2w 以及二叠系混合型烃源岩特征,其中又以 $C_{20}TT$、$C_{21}TT$ 及 $C_{23}TT$ 山谷型分布为主。图 5-29 给出一个典型的色质谱图,说明此地区不同来源油气混合情况普遍,与天然气 $\delta^{13}C$ 所表现的特征相符。

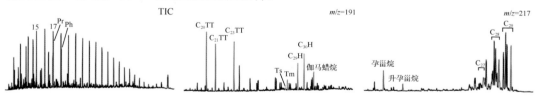

图 5-29　准噶尔盆地二叠系混合来源储层抽提物主要生物标志化合物参数
夏 94 井,2839.54m,T_1b 砂砾岩

5.3 轻质油气的碱湖成因

根据以上分析,可见玛湖凹陷研究区的油气来源有差异,原油主要来源于风城组,而天然气有多种来源,除了风城组外,还可能有石炭系—二叠系的其他3套烃源岩贡献。总体而言,轻质油气的特征明显,来源以风城组为主,特别是原油。本节在前文从原油和天然气角度进行阐述的基础上,综合分析。

5.3.1 玛湖凹陷轻质油气基本特征

玛湖凹陷研究区迄今发现的油气石炭系—三叠系皆有分布,其中石炭系—二叠系的原油密度为 $0.82\sim0.91\text{g/cm}^3$,中质油所占比例稍高[图 5-30(a)];三叠系原油密度为 $0.79\sim0.92\text{g/cm}^3$,以轻质油为主[图 5-30(b)]。这部分轻质原油,特别是对于密度小于 0.83g/cm^3 的原油,主要分布于最近发现的百口泉组连续型油气藏中[图 5-30(c)]。对于天然气,从化学组成来看,湿气和干气并存,说明其主要来源于成熟-高成熟烃源岩。

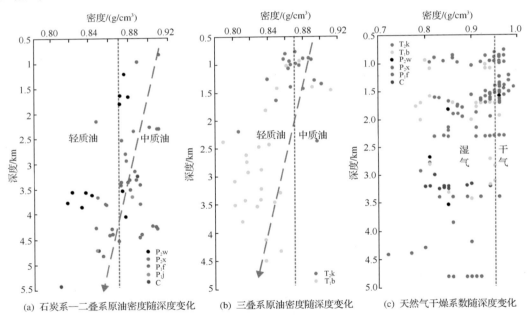

(a) 石炭系—二叠系原油密度随深度变化　　(b) 三叠系原油密度随深度变化　　(c) 天然气干燥系数随深度变化

图 5-30　玛湖凹陷油气基本性质随深度变化

百口泉组油气藏原油高成熟轻质特征非常明显。以夏盐 2 井百口泉组油层(4335～4405m)为例,典型证据为:密度较轻(0.83g/cm^3),显微镜下观测到亮黄色荧光的烃类[图 5-31(a)],分子化合物中三环萜烷相对于五环三萜烷的丰度很高[图 5-31(b)],包裹体均一温度发现一期高成熟油气充注[图 5-31(c)],这些都是研究区判断原油高成熟度的重要指标(Peters et al.,2005;贾承造,2012)。此外,这些高熟轻质原油还普遍与天然气共生,油藏中普遍有天然气产出[图 5-31(a)],反映油气的演化已进入或接近高成熟演化阶段。

需要注意的是,根据常见的判识油气成熟度的地球化学参数,如生物标志物甾烷 C_{29} 异构化参数及原油溶解气轻烃指标等,大多数原油会被判定为成熟,但实际情况并非如此。这是因为,这些原油大多为成熟和高成熟两期原油的混合物(图 5-32),成熟油中的生物标志物浓度高,高成熟油中的生物标志物浓度低,造成混合后,从生物标志物参数来判断,会出现似成熟油的假象(Xiao et al.,2014)。

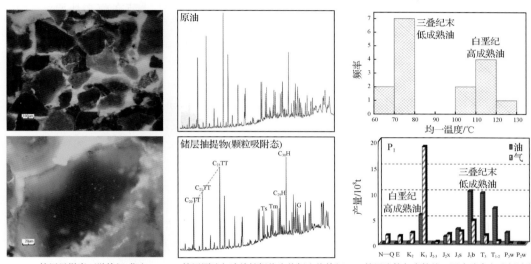

(a) 储层显微岩石学特征(荧光)　(b) 储层原油与连续抽提物生物标志物特征　(c) 储层流体包裹体均一温度分布与成烃演化

图 5-31　玛湖凹陷夏盐 2 井百口泉组高熟轻质油特征

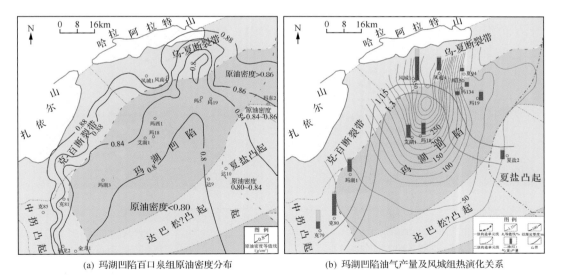

(a) 玛湖凹陷百口泉组原油密度分布　　　　(b) 玛湖凹陷油气产量及风城组热演化关系

图 5-32　玛湖凹陷百口泉组原油密度分布与产油气特征

5.3.2 玛湖凹陷轻质油气来源与成因

1. 风城组为主的优质烃源岩

通过生物标志物进行油源对比后发现,这些高成熟油气可能存在多种来源,并以下二叠统风城组(P_1f)优质烃源岩为主。研究区油源对比的典型指标,即 C_{20}、C_{21} 及 C_{23} 三环萜烷的峰形分布(Peters et al.,2005)存在上升型、山峰型、下降型及山谷型多种类型,且以上升型为主[图 5-31(b)、图 5-33]。特别是密度小于 0.83g/cm³ 的原油,C_{20}、C_{21} 及 C_{23} 三环萜烷的峰形上升型占绝对优势。因此,推断油源以风城组为主,在此基础上可能叠加了一些其他来源,包括中二叠统下乌尔禾组(山峰型)及石炭系—下二叠统佳木河组(下降型)。多种来源原油混合后,使得 C_{20}、C_{21} 及 C_{23} 三环萜烷的峰形变化异常复杂(图 5-33)。

对比石炭系—二叠系和三叠系储集层原油的特征可以发现,石炭系—二叠系原油的生物标志物变化比三叠系更为复杂,并且表征风城组油源的 C_{20}、C_{21} 及 C_{23} 三环萜烷上升型分布的比例相对较小[图 5-33(a)]。这一方面说明深层烃源岩系的内幕成藏油源基础好,除了风城组外,还有石炭系、佳木河组及下乌尔禾组等;另一方面说明对于百口泉组远距离轻质油气成藏,风城组油源的充注是根本。因此,百口泉组中原油的 C_{20}、C_{21} 及 C_{23} 三环萜烷的变化要比深层石炭系—二叠系简单许多,并以上升型为主[图 5-33(b)]。换言之,风城组是研究区最优质的烃源岩,其所生油气可以从二叠系到三叠系远距离(1000~2000m)成藏。而且从原油的密度分布来看,百口泉组中轻质原油的分布比例更高[图 5-30(b)],天然气也是成熟演化程度高的干气更多出现在三叠系[图 5-30(c)],更进一步说明了风城组优质烃源岩是高熟轻质油气形成的根本。

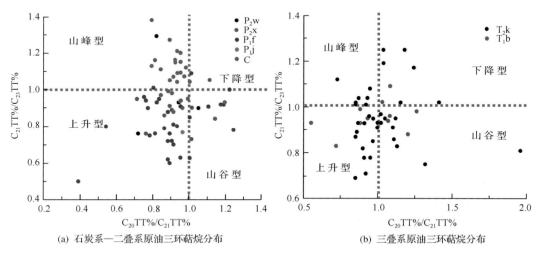

图 5-33 玛湖凹陷原油 C_{20}、C_{21} 及 C_{23} 三环萜烷分布形式

2. 烃源岩较高的成熟度

研究区高熟轻质油气的油源主要来自风城组。风城组烃源岩的油气形成主要有两个

时期,分别是三叠纪末的相对低成熟阶段及白垩纪的相对高成熟阶段[图 5-31(c)]。研究区高成熟油气对应的是风城组烃源岩在白垩纪所生烃类,其成熟度接近于高成熟演化界限(R_o=1.3%)。实际上,从原油的油质、油气产量与风城组优质烃源岩的热演化分布关系上,也可以看出这种特征(图 5-32)。以百口泉组油气藏为例,越靠近凹陷区,随风城组烃源岩的热演化程度逐渐加大[图 5-32(b)],油质越轻[图 5-32(a)],高成熟油气的主力分布区(原油密度小于 0.83g/cm³)位于风城组 R_o=1.3%附近,反映了烃源岩热演化对高成熟油气分布的控制。总之,玛湖凹陷高成熟油气是以风城组为主的优质烃源岩接近高成熟演化阶段的产物。

3. 两次连续性的油气充注

玛湖凹陷百口泉组连续充注型油藏中发现的油气,其主体属于白垩纪形成的高成熟轻质油气,按烃源岩的成烃演化,鉴于圈闭形成时间均早于晚三叠世,必然也存在三叠纪末成熟阶段所排油气。该分析得到了实际分析结果的支持,在夏盐 2 井百口泉组储集层中,显微镜下除了观测到亮黄色荧光的烃类之外,还发现了荧光色调相对较暗的一期烃类[图 5-31(a)],在储集层连续抽提物中,发现早期成熟油(颗粒吸附烃)的充注,萜烷类生物标志物中的三环萜烷丰度相对五环三萜烷丰度中等,对应荧光色调相对较暗的一期烃类;而晚期(原油/孔隙游离烃)高成熟油的充注则以三环萜烷的高丰度为特征,对应荧光色调相对较强的一期烃类[图 5-31(b)]。对比包裹体均一温度测试结果也发现,对应早期三叠纪末和晚期白垩纪的油气充注为风城组烃源岩的两期生烃高峰[图 5-31(c)]。因此,这些高成熟油气在充注上具有两期运聚的重要特征。

反观油气未能成藏的实例,大多表现为一期(早期成熟)原油的充注,如玛湖 2 井,其百口泉组原油和储集层岩心抽提物的特征基本类似,未表现出高成熟原油充注的特征[图 5-34(a)]、图 5-34(b)],显微镜下也未观测到像夏盐 2 井百口泉组储集层中的亮黄色荧光高成熟烃类[图 5-34(c)],这是玛湖 2 井百口泉组储集层未能成藏的一个重要原因。

综上所述,高熟轻质油藏中的油气实际上存在成熟-高成熟油气两期连续充注,所以油气源基础好,这是这些油气能够大规模成藏的一个重要内在原因。

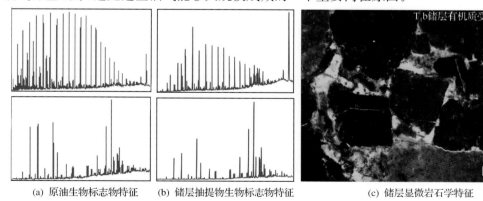

(a) 原油生物标志物特征　　(b) 储层抽提物生物标志物特征　　(c) 储层显微岩石学特征

图 5-34　玛湖 2 井百口泉组储集层地球化学和岩石显微特征

4. 较为优良的保存条件

这些高成熟油气除了以上阐述的油质好、充注强度足等基本特征外,还有另一个重要特征,即保存条件好,基本未受降解破坏,因此能够高效规模成藏。夏盐 2 井储集层显微镜下观测未发现褐色荧光烃类[图 5-31(a)],反映油气未受降解破坏;生物标志物中也未发现 25-降藿烷系列[图 5-31(b)],进一步说明油气成藏保存条件好。反观油气未能成藏的实例,以玛湖 2 井为例,储集层原油普遍遭受降解,原油和储集层抽提物的正构烷烃有大鼓包(UCM)出现,也有 25-降藿烷系列检出[图 5-34(a)、图 5-34(b)],显微镜下岩石观测也发现了表征油气破坏的褐色荧光烃类[图 5-34(c)],反映保存条件不好。这是玛湖 2 井百口泉组储集层未能成藏的另一个重要原因。

油气成藏与分布 第6章

本章在前述章节明晰碱湖烃源岩特征与油气成因的基础上,主要分析轻质油气的成藏特征,包括有利成藏条件及典型油气藏的解剖等,在此基础上建立成藏模式,分析油气的富集规律与高产机理,最后预测有利勘探方向和领域。

6.1 油气成藏条件

通过对研究区油气成藏条件的细致分析,结合与国内外已有研究实例的对比,发现玛湖凹陷研究区大油(气)区的形成具有三大有利基础条件:前陆碱湖优质高效烃源岩、立体输导体系及三类规模有效储层与储盖组合。在这三大有利背景与基本条件的控制下,油气通过立体的输导体系及跨层动态运聚演化,在有利的目标层位/层系聚集成藏,形成垂向上多层系的有利勘探领域。

6.1.1 前陆碱湖优质高效烃源岩

如前所述,玛湖凹陷是准噶尔盆地迄今经勘探所证实的最富生烃凹陷,其优质烃源岩主要分布于二叠系(丁安娜等,1994;张立平等,2000)。二叠系具有典型的前陆盆地沉积特征,由下至上共发育石炭系、下统佳木河组、下统风城组及中统下乌尔禾组 4 套烃源岩,其中风城组为主力。风城组优质烃源岩平面分布面积约 $3800km^2$,厚度 $50\sim300m$,有机碳含量在 $0.14\%\sim12.35\%$,平均 1.34%,有机质类型较好,烃源岩热解氢指数为 $23\sim626mg/g$,主要为 $100\sim500mg/g$,其中氢指数为 $200\sim400mg/g$ 的样品占 80%,$400mg/g$ 以上的样品占 14%,有机质类型以 $I-II_1$ 型为主,因此具有优越的生烃潜力。

前述研究表明,风城组烃源岩可能属于一类新的湖相(碱湖)优质烃源岩(曹剑等,2015;陈建平等,2016)。如图 6-1,风城组烃源岩系中碱性矿物普遍发育,说明其可能形成于碱湖沉积环境。碱湖水体生物贫乏,但菌藻类发育,以菌藻类为主的生油母质,其生油潜力比咸水湖盆要大(王寿庆和何祖荣,2002)。以泌阳凹陷为例,该凹陷发育国内外典型的陆相碱湖烃源岩,与咸水湖相的江汉潜江凹陷和柴达木茫崖凹陷的含碳酸盐烃源岩相比,有机质含量要高出 $2\sim7$ 倍,烃含量高出 $2\sim8$ 倍;与全球 18 个海相盆地碳酸盐岩烃源岩相比,有机质含量高出 7 倍,沥青"A"含量高出 $2\sim3$ 倍。因此,碱湖环境烃源岩的有机质是"富化了富氢组分"的有机质,且烃转化率高,属于好-极好级别的湖相优质烃源岩(王寿庆和何祖荣,2002;罗家群,2008)。

较之风城组,佳木河组和下乌尔禾组烃源岩的质量要差一些。其中,佳木河组烃源岩厚度50~225m,有机质丰度中等-好,但有机质类型偏腐殖,以Ⅱ-Ⅲ型为主,加之演化程度高,因此目前以生气为主,生油为辅;下乌尔禾组烃源岩厚度50~250m,有机质类型以Ⅱ型为主,烃源岩演化程度相对较低,R_o平均为1.12%,因此生烃潜力相对有限。

综合上述,玛湖凹陷发育多套优质烃源岩,既可生油,也可生气,所以可形成大油气区。并且以风城组为主的前陆盆地碱湖优质烃源岩是这一大油(气)区形成的首要基础,提供了优越的油气源条件。这是全球目前发现的最古老碱湖烃源岩沉积,成烃极具特色,不但优质,而且高效,目前在玛湖凹陷区发现的原油普遍高熟轻质且含气。

(a) 风南5井,4066.04~4073.32m,
P_1f_2,含碳钠钙石泥质硅硼钠石岩

(b) 风20井,3154.64m,
P_1f_2,天然碱

(c) 风南5井,4069.08m,
$P_1f_2^2$,天然碱

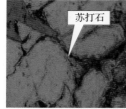

(d) 风南5井,4072.30m,
$P_1f_2^2$,苏打石岩

(e) 风南1井,4275.90m,
含泥白云质粉砂岩

(f) 艾克1井,5566.38m,
含碳钠钙石泥质硅硼钠石岩

(g) 艾克1井,5666.38m,
P_1f_1,含粉砂质盐质泥岩

图6-1 玛湖凹陷风城组碱湖沉积的矿物岩心、薄片图

6.1.2 立体输导体系

研究发现,玛湖凹陷发育立体油气输导体系,包括断层、不整合面与砂体(图6-2)(陈建平等,2000;邹华耀等,2005),为油气运聚成藏提供良好的基础条件。具体而言,对于断裂,玛湖凹陷主要存在北东向和北西—北西西向两组断裂。第一组断裂控制了山前冲断带、玛湖背斜和达1井背斜等构造的发育;第二组断裂具有调节、走滑断裂的性质,断裂陡直,多数被三叠系不整合覆盖,后期活动微弱(匡立春等,2014)。两组断裂在山前断裂带、玛湖背斜和达1井背斜等主体构造部位向下切穿以风城组为主的优质烃源岩系,向上与三叠系底不整合面沟通,并被三叠系巨厚泥岩封盖,油气可以跨层运聚(图6-2)。应用声波测井资料和盆地模拟技术对玛湖凹陷的超压异常进行研究,发现在被三叠系不整合覆盖的断裂发育区,二叠系下部与上部的压差较小,而与三叠系盖层之间的压差较大,显示断裂构造在油气充注期具有输导作用。

国内外大量油气勘探实践和研究已经证实,不整合对大油气田的形成具有重要作用,包括形成油气运移的高速通道和地层不整合型圈闭/油气藏等(吴孔友等,2002)。玛湖凹陷研究区存在多套不整合,包括二叠系与石炭系、三叠系与二叠系两大区域不整合,以及二叠系内部的局部不整合(如夏子街组与风城组之间的不整合等),存在火山岩侵蚀潜山超覆不整合(玛北 1 地区)、断隆超覆不整合(夏盐 2 地区)及削蚀不整合(风城组顶面、二叠系顶面)等类型(图 6-2)。三叠系与二叠系之间的不整合面是区域性的,在玛湖凹陷研究区,切穿二叠系烃源岩层的断裂、不整合面与不整合面上、下有效的储集岩,形成了有效的输导体系。

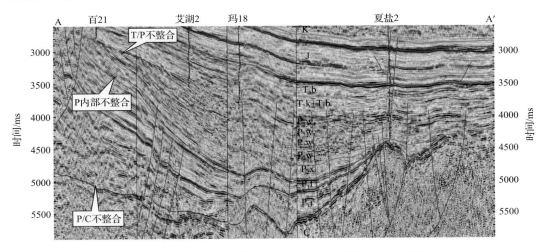

图 6-2　过百 21 井—艾湖 2 井—玛 18 井—夏盐 2 井地震剖面

6.1.3　三类规模有效储层与储盖组合

如前所述,玛湖凹陷可以生成丰富油气,它们在立体的输导体系沟通下,当受到区域性优质盖层的封堵与保护时进入储层形成大规模油气聚集。研究发现,玛湖凹陷区垂向共发育有三套区域性优质盖层,分别是中上三叠统的湖相泥岩、中二叠统的湖相泥岩及下二叠统风城组的(云质)泥岩。其中,中上三叠统克拉玛依组—白碱滩组为湖相泥岩,厚度500~900m;中二叠统下乌尔禾组区域上整体发育厚层泥岩,厚度达到 300~1200m;风城组泥岩地层厚度 200~1000m,优质(云质)泥岩盖层主要在凹陷内发育。

研究发现,玛湖凹陷研究区发育多种成因类型的储层,并以冲积扇-三角洲砂砾岩、云质岩及火山岩等三大类规模有效储层相对最为优质(表 6-1)。其中,扇-三角洲砂砾岩储层主要发育于三叠系下统百口泉组(含二叠系中上统上、下乌尔禾组),砂砾岩叠置连片,厚度在 40~140m,有利前缘相分布面积 5000km²。储层整体表现为低孔低渗,有效储层可分为 3 类:Ⅰ类储层以灰色含砾粗砂岩及灰色粗砂质细砾岩为主,孔隙度大于 10%,渗透率大于 $5×10^{-3}μm^2$,直井小规模压裂改造可获较高产量(图 6-3);Ⅱ类储层为灰色砂质中细砾岩,孔隙度 8%~10%,渗透率 $1×10^{-3}$~$5×10^{-3}μm^2$,直井大规模压裂改造可获工业油流;Ⅲ类储层以灰色中细砾岩、钙质砂质中细砾岩及灰绿色泥质胶结砂质细砾岩为主,孔隙度7%～9%,渗透率0.5×10^{-3}～1×10^{-3} μm^2,需水平井大规模压裂改造可获工业油流。此外,下二叠统风城组和中上二叠统的上、下乌尔禾组也发育一些砂砾岩储层,尽管目前研究程度相对较低,但也是潜在的有利目标,下步勘探中值得注意。

云质岩储层主要发育于下二叠统风城组,这是国内外比较有特色的一类储层(陈磊等,2012;张杰等,2012;朱世发等,2014),岩性主要为白云质粉砂岩及泥质白云岩等(为命名简洁,利于勘探使用,统称为"云质岩")(图6-3)。玛湖凹陷研究区云质岩系分布面积约6698km^2,厚度普遍大于200m,目前已有多井钻遇,并先后在风3井、风城1井及风南5井获得高产油气流。在玛湖凹陷中部及东南部目前虽尚无井钻遇风城组,但通过地震追踪及多属性测井响应分析,发现云质岩及有利储层同样发育。

火山岩储层主要发育在石炭系—下二叠统佳木河组和风城组中。其中,石炭系—佳木河组普遍发育火山岩,存在7～30Ma沉积间断,火山岩顶部300m范围内可形成风化壳有效储层(陈刚强等,2014)。风城组一段火山岩主要分布在乌夏地区,分布面积约1677km^2,厚度在10～34m。研究发现,这类火山岩储层受孔隙和裂缝双重介质控制,储层物性相对较好,且溶孔及裂缝发育,具备高产的储层条件(图6-3)。裂缝发育程度对储层物性起着重要作用,背斜发育区为构造应力集中区,小型断裂及裂缝发育能有效改善储层物性。

综合上述,玛湖凹陷研究区垂向发育三套区域性优质盖层,对油气运移逸散形成封堵,于三类规模有效储层中聚集,形成三大储盖组合。一是百口泉组/乌尔禾组砂砾岩作储层,中上三叠统湖相泥岩作盖层;二是风城组致密油源储共生,层内云质岩和上覆中二叠统下乌尔禾组湖相泥岩作盖层;三是石炭系—二叠系深大构造的碎屑岩、云质岩和火山岩作储层,层内的云质岩和下乌尔禾组泥岩作盖层。

(a) 玛602井,3848.77～3849.2m,
T$_1$b,中砾岩

(b) 风5井,3475.38～3475.62m,
P$_1$f,含硅质泥质云岩

(c) 克81井,3892.6～3892.7m,
P$_1$f,气孔状玄武岩

(d) 玛18井,3915.8m,T$_1$b,砂砾岩,
$\Phi = 13.8\%$,$K = 70.7 \times 10^{-3}$μm^2

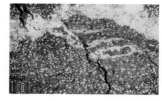

(e) 风7井,3227m,P$_1$f,含粉砂质云质
泥岩,$\Phi = 7.65\%$,$K = 1.46 \times 10^{-3}$μm^2

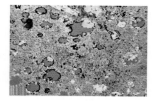

(f) 夏72井,4809.72m,P$_1$f$_1$,
熔结凝灰岩,$\Phi = 21.4\%$,$K = 0.321$μm^2

图6-3 玛湖凹陷大油(气)区三类储层岩心和显微薄片照片

表 6-1　玛湖凹陷大油（气）区三类储层的基本特征与对比

储层	厚度/m	分布面积/km²	孔隙度/%	渗透率/$10^{-3}\mu m^2$	相类型	孔隙类型
砂砾岩	40～140	5000	>7	>0.5	扇三角洲前缘亚相	粒间溶孔、粒内溶孔、粒间孔
云质岩	>200	6698	>5	>0.2	碱湖相	晶间孔、晶间溶孔、溶蚀孔
火山岩	10～300	9000	>5	>0.1	爆发相、溢流相为主	气孔、溶蚀孔、微裂缝

6.2　典型油气藏成藏实例分析

玛湖凹陷目前已发现的油气藏主要分布于百口泉组（匡立春等，2014；雷德文等，2014），据此，本节主要按由断裂带向凹陷带的顺序，选取 3 个典型油气藏进行成藏分析，包括乌-夏断裂带的乌 40-乌 36 井区百口泉组油藏、玛北斜坡区的玛 131 井区百口泉组油藏及凹陷带的玛 2—玛 6 井区百口泉组油藏。基本研究思路是：首先确认原油类型与来源，然后对含油储集层样品进行流体包裹体成岩序列观察、盐度与均一温度测试，最后结合构造演化特征、热演化、原油成熟度及烃源岩生烃演化史等，综合确定油气藏的成藏期次和成藏过程。

6.2.1　乌-夏断裂带乌 40 和乌 36 井区百口泉组油藏解剖

1. 油藏基本特征

乌 40—乌 36 井区块百口泉组油藏位于玛湖凹陷西北的构造高部位的乌-夏断裂带内，油气分布与断裂及岩性有密切关系，油藏类型为构造-岩性型（图 6-4）。

乌 40 和乌 36 井区百口泉组油层储集层岩性主要为砂砾岩，其次为砾状砂岩和泥质不等粒岩屑砂岩，储集空间以剩余粒间孔为主。储集层孔隙度介于 10.10%～25.31%，平均为 15.67%；渗透率在 0.067～1798.59mD，平均为 21.87mD，总体表现为中孔低渗的特点，部分为高渗储集层（图 6-5）。

乌 40 和乌 36 井区原油百口泉组油层温度普遍较低，一般在 30～55℃，压力系数在 0.9～1.1，表现为常温常压系统。百口泉组原油密度主要在 0.85～0.9g/cm³，黏度大都低于 100mPa·s，个别在 100～400mPa·s，总体属于正常原油。

2. 油气来源与成因

乌 40 和乌 36 井区除百口泉组外，克拉玛依组、乌尔禾组、夏子街组与风城组也都不同程度的含油。总体上，原油饱和烃气相色谱图显示正构烷烃分布基本完整，胡萝卜烷含量由较高到较低有一定变化（图 6-6～图 6-8）；C_{20}、C_{21} 和 C_{23} 三环萜烷有下降型、上升型、下凹型与山字型等多种分布形式，Ts 和伽马蜡烷都有较高含量；甾烷组成中有少量孕甾烷和升孕甾烷，重排甾烷（$\beta\alpha$-20R-C_{27}，$\beta\alpha$-20S-C_{27}）含量低，$\alpha\alpha\alpha$-20R-C_{27} 甾烷含量低，$\alpha\alpha\alpha$-20R-C_{28} 甾烷和 $\alpha\alpha\alpha$-20R-C_{29} 甾烷明显高于 $\alpha\alpha\alpha$-20R-C_{27} 甾烷，但 $\alpha\alpha\alpha$-20R-C_{28} 甾烷稍低

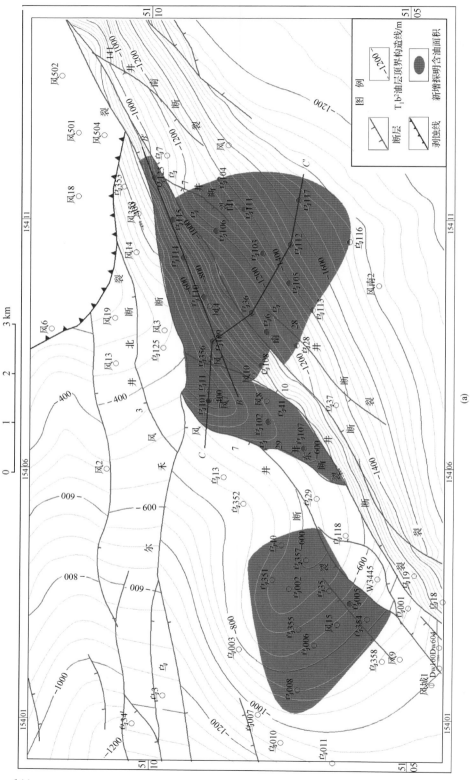

(a)

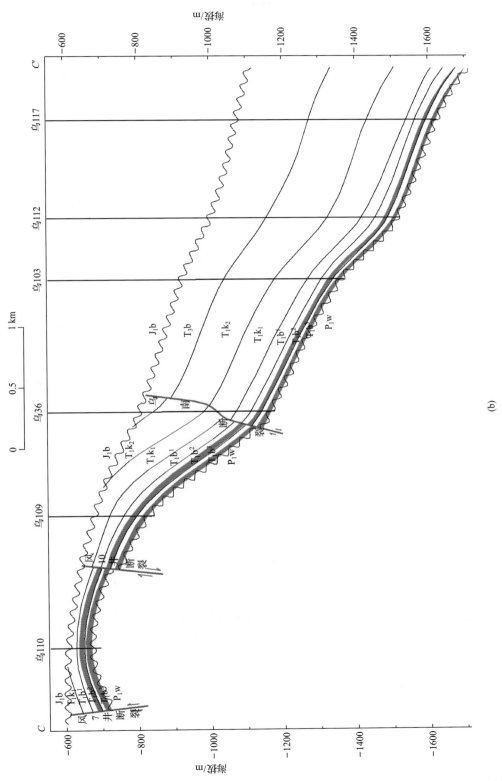

(b)

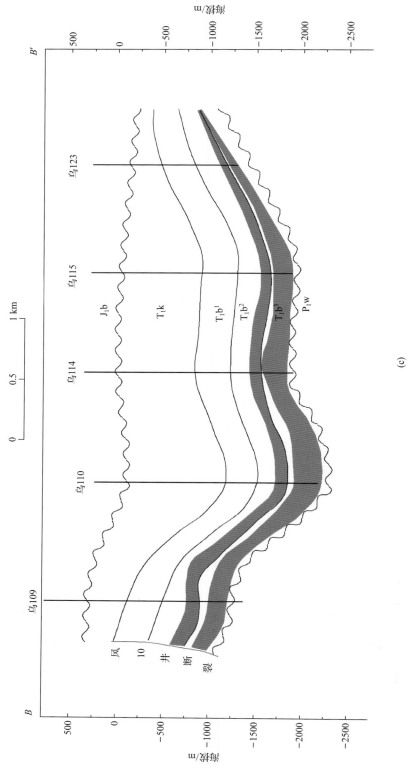

图 6-4 乌 40 和乌 36 井区块百口泉组油层含油范围与剖面图

(c)

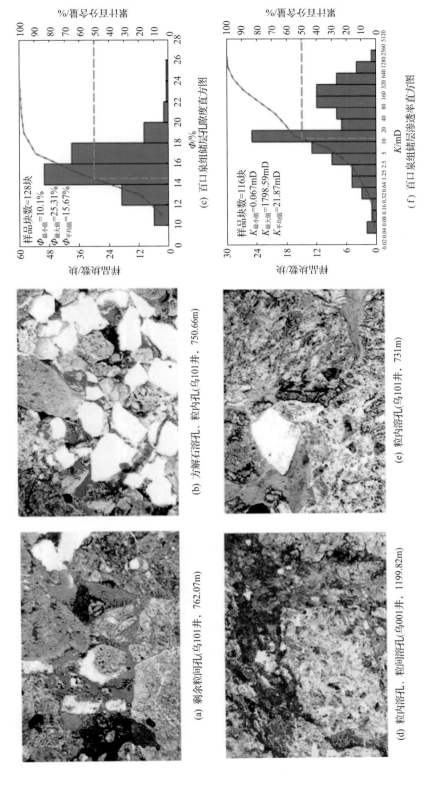

(a) 剩余粒间孔(乌101井，762.07m)

(b) 方解石溶孔、粒内孔(乌101井，750.66m)

(d) 粒内溶孔、粒间溶孔(乌001井，1199.82m)

(e) 粒内溶孔(乌101井，731m)

(c) 百口泉组储集层孔隙度直方图

样品块数=128块
$\Phi_{最小值}$=10.1%
$\Phi_{最大值}$=25.31%
$\Phi_{平均值}$=15.67%

(f) 百口泉组储集层渗透率直方图

样品块数=116块
$K_{最小值}$=0.067mD
$K_{最大值}$=1798.59mD
$K_{平均值}$=21.87mD

图 6-5 乌 40 和乌 36 井区块百口泉组储集层孔隙发育与物性分布图

于 $\alpha\alpha\alpha$-20R-C_{29} 甾烷（图 6-7，图 6-8，图 6-9）。较低成熟度的原油主要在风城组内，百口泉组、乌尔禾组及夏子街组主要都为成熟原油，风城组也有成熟原油（图 6-7～图 6-9）。

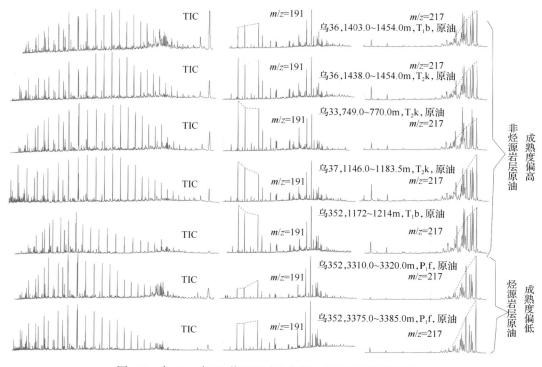

图 6-6　乌 40—乌 36 井区原油生物标志物 GC-MS 谱图特征

乌 352 井风城组烃源岩层内的两个油样总体显示成熟度较低，而之上的百口泉组原油则显示成熟原油，C_{20}、C_{21} 和 C_{23} 三环萜烷分布形式也不同。邻近乌 37 井、33 井与 36 井克拉玛依组原油也显示成熟特征，C_{20}、C_{21} 和 C_{23} 三环萜烷分布形式各有所不同（图 6-7）。

乌 35 井古生界乌尔禾组、夏子街组与风城组内均有较多油样，其中风城组烃源岩层内的原油 C_{20}、C_{21} 和 C_{23} 三环萜烷分布形式主要为上升型，而夏子街组与乌尔禾组的原油 C_{20}、C_{21} 和 C_{23} 三环萜烷分布形式主要为山字型与少量上升型（图 6-8）。位于乌 40 井区西南的风城 1 井佳木河组有烃源岩饱和烃 GC-MS 分析，风城组还有原油样品（图 6-9），其上部的风城组原油成熟度较低，下部成熟度较高，显示近源自生自储特征，埋藏深度大，成熟度高，埋藏深度小，则成熟度低。区域上的风南 4 和风南 5 井风城组原油由于埋深大，显示成熟特征，其与风城 1 井深部位风城组原油成熟相当。可见，风城组烃源岩生成的原油成熟度与风城组烃源岩埋深有极为密切的关系。风城 1 井深部位佳木河组有超过 180m 厚的暗色泥岩，根据地化分析结果，其有机质丰度较高（图 6-9），但其饱和烃色谱-质谱特征显示，其饱和烃以正构烷烃为主，异构烷烃与风城组相比明显偏低。虽然其 C_{20}、C_{21} 和 C_{23} 三环萜烷、$\alpha\alpha\alpha$-20R-C_{27}～$\alpha\alpha\alpha$-20R-C_{28}～$\alpha\alpha\alpha$-20R-C_{29} 甾烷分布形式似乎与多数原油相近，但其藿烷与甾烷类相对含量明显偏低，再加上其干酪根同位素明显偏重的特征（图 6-10），很难作为已有原油的烃源岩。

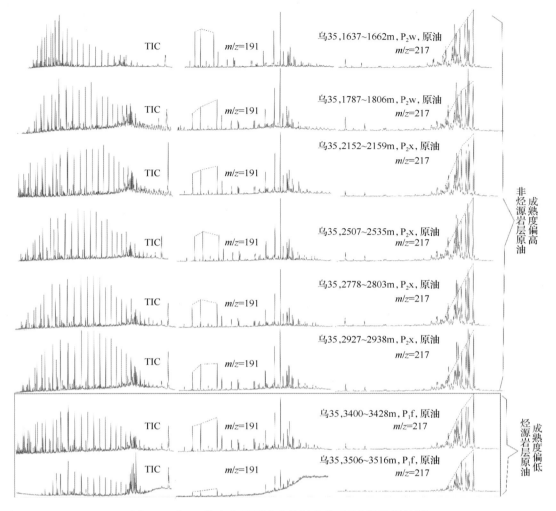

图 6-7　乌 35 井古生界原油生物标志物 GC-MS 谱图特征

研究区成熟原油的 20S/（20S＋20R）-C_{29} 甾烷和 ββ/（ββ＋αα）-C_{29} 甾烷分别主要在 0.446～0.452 和 0.40～0.44，表明烃源岩演化程度未达到生物标志物 C_{29} 甾烷演化的平衡终点（Peters and Moldowan，1993）。由此估算的原油烃源岩 R_o 在 0.76％～0.79％，未达到生油高峰。成熟度较低原油的 20S/（20S＋20R）-C_{29} 甾烷和 ββ/（ββ＋αα）-C_{29} 甾烷分别主要在 0.31～0.43 和 0.29～0.41，主要都进入生油门限，处于低成熟-成熟早期。可见，研究区成熟原油应该主要来自构造下倾部位成熟的烃源岩。

该区原油伴生气的烃类碳同位素组成总体较轻，显示油型气特征（表 6-2），由此估算的天然气烃源岩主要 R_o 在 0.6％～0.9％，处于生油高峰之前的演化阶段。考虑到天然气较强的运移分异作用，综合来看，原油的母质 R_o 应偏向于估算值的较高值部分。从乌 28 井区风城组烃源岩的热演化历史来看，风城组在二叠纪末期已进入成熟阶段，直到三叠纪末是 R_o 增加快速的时期，之后是 R_o 增长缓慢的时期（图 6-11）。综合考虑天然气的

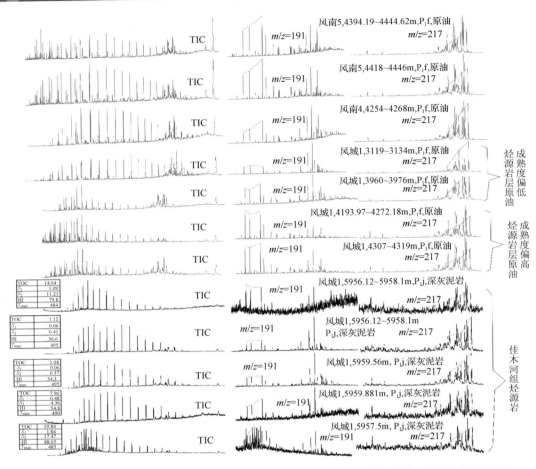

图 6-8 风城 1 井佳木河组泥岩及其与风南 4、5 井风城组原油生物标志物 GC-MS 谱图特征

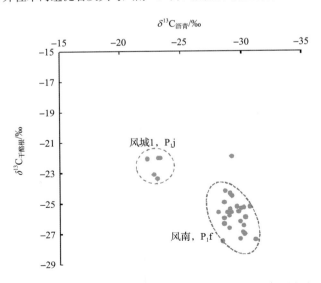

图 6-9 风城 1 井佳木河组与风南风城组烃源岩沥青与干酪根碳同位素组成对比图

运移、散失效应与原油估算的母质 R_o 特征，侏罗纪末期之后应是可以成藏的时期。但考虑到白垩纪末期构造运动的影响和破坏作用，主力油层百口泉组成藏应更晚，主要在新生代成藏。

表 6-2　乌尔禾地区原油伴生气碳同位素组成数据表

井号	深度/m	层位	甲烷/‰	乙烷/‰	丙烷/‰	丁烷/‰	$R_o(C_1)$（戴金星，2001）	$R_o(C_1)$（徐永昌，1998）
乌 002	1013-1018	T_1b	−44.75	−31.42	−28.81	−28.47	0.69	0.86
乌 39	1547-1585	T_1b	−44.64	−34.19	−32.37	−32.1	0.70	0.87
乌 35	2927-2938	P_2x	−48.41	−32.34	−29.17		0.40	0.58
乌 35	2778-2803	P_2x	−47.62	−32.12	−29.38		0.45	0.63
乌 35	2152-2159	P_2x	−49.22	−35.03	−33.5	−32.49	0.36	0.53
乌 27	2300-2311	P_2x	−48.93	−35.4	−32.91	−31.92	0.38	0.55
乌 002	795-807	T_2k	−45.37	−31.74	−30	−29.65	0.63	0.80
乌 003	1032-1062.5	T_2k	−44.39	−32.57	−30.9	−29.78	0.73	0.89
乌 005	967.5-1006	T_2k	−44.84	−31.21	−28.25	−29.02	0.68	0.85
乌 33	749-753	T_2k	−45.29	−31.99	−30.33		0.64	0.81
乌 33	749-770	T_2k	−45.08	−31.85	−29.93	−29.77	0.66	0.83

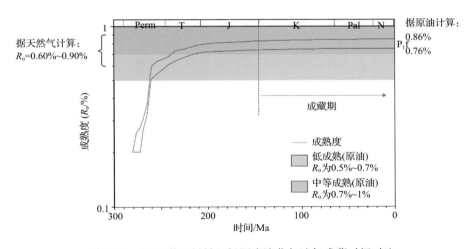

图 6-10　乌 28 井区风城组烃源岩演化与油气成藏时间对比

3. 油气成藏期次与过程分析

乌 28 井 1617.4m 百口泉组荧光中细砂岩井下观察显示，粒间孔隙中不含油，无荧光显示，主要发育 1 期油气包裹体。油气包裹体发育于砂岩石英颗粒成岩次生加大早中期，发育丰度极低（GOI<1‰）。包裹体多为环石英颗粒加大边内侧，或为沿切穿石英颗粒的微裂隙成线、带状分布，或由于溶蚀成因成群分布于长石颗粒中，均为呈深褐色、灰褐色的

重质油包裹体。包裹体均一温度主要介于70~82℃,而从乌28井百口泉组的历史埋深来看,目前应为最大埋深,其在地史上经历的古地温难以达到70℃以上,其他钻井的包裹体均一温度反映的特征基本相似。烃源岩成烃演化历史显示,三叠纪开始风城组即具备油气运移成藏条件,但考虑到几期构造运动的影响,应该是晚期(新生代)为有效成藏期(图6-11)。

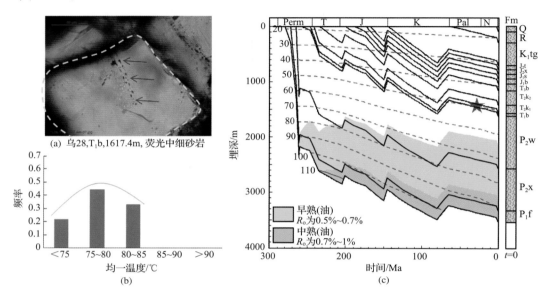

图6-11　乌40井百口泉组储集层包裹体特征与油气运移期次分析图

综合乌40和乌36井区百口泉组油气藏的演化来看,烃源岩由于风城组烃源岩上覆沉积在二叠纪末之后增加缓慢,沉积速率较低,并且经历了多期构造作用影响。所以,烃源岩于二叠纪末进入生油窗后,热演化总体较慢;到新生代时期主要处于生油窗范围,以生油为主。断裂带从二叠纪末期后主要处于构造活动背景上,印支期、燕山期与喜马拉雅期的构造运动对圈闭的形成均有影响。综合考虑烃源岩演化、目的层埋深与保存条件等,该区百口泉组油气藏主要在新生代成藏(图6-12)。

6.2.2　玛北斜坡区玛131井区百口泉组油藏解剖

1.油藏基本特征

玛17井—玛15井—夏91井区油气藏位于玛湖凹陷西北斜坡部位。百口泉组油层被夹持于玛13井北、夏9井北、夏89井东、夏95井北及夏2井等逆断裂之间,构造呈北高南低特征,内部又被玛131井东逆断裂、玛15井东逆断裂及夏94井北逆断裂分隔为不同的断块,所以,百口泉组油气藏整体呈断块油气藏特征(图6-13)。

百口泉组储层孔隙类型以粒内、粒间溶孔为主,局部发育微裂缝。孔隙度介于6.95%~13.9%,均值为9%,渗透率分布在0.05~139mD,平均为1.34mD,主要为低孔低渗特征(图6-14)。

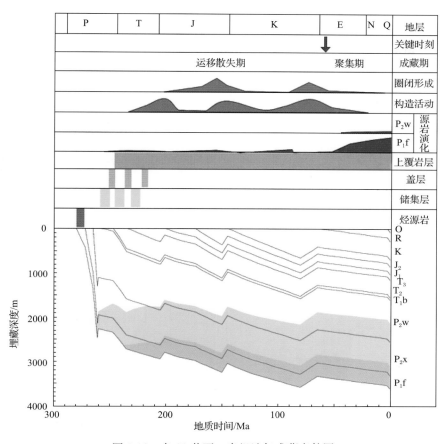

图 6-12　乌 28 井百口泉组油气成藏事件图

被断层分割的三个区块百口泉组油藏的压力、测试气油比及饱和程度存在差异,表明其互不连通,中间的玛 13 区块存在异常高压,表明其内部的分割断裂具有较好的封堵性(图 6-15)。

2. 油气成因与来源分析

玛 131、玛 15 及夏 72 三个断块的原油地化特征存在差异,原油类型有所不同。中部玛 15 区块的百口泉组原油主要为混源油,其储层包裹体均一温度反映两期运移特征,另 2 个区块油气包裹体均一温度均显示一期运移特征(图 6-16),所以该油气分布区的油气总体显示为多期成藏特征。百口泉组的油气主要来自深部位的风城组,断层活动为油气向上运移提供了通道(图 6-17)。

研究区百口泉组原油 C_{29} 甾烷成熟参数 20S/(20S+20R)-C_{29} 甾烷和 ββ/(ββ+αα)-C_{29} 甾烷分别主要在 0.45~0.50 和 0.50~0.64,表明烃源岩演化程度已接近生物标志物 C_{29} 甾烷演化的平衡终点(Peters and Moldowan,1993)。相应的原油密度总体较低,主要在 0.81~0.825g/cm³,含蜡量主要都低于 6%(图 6-18),明显低于断裂带原油,这与其较高的母质成熟度是一致的。

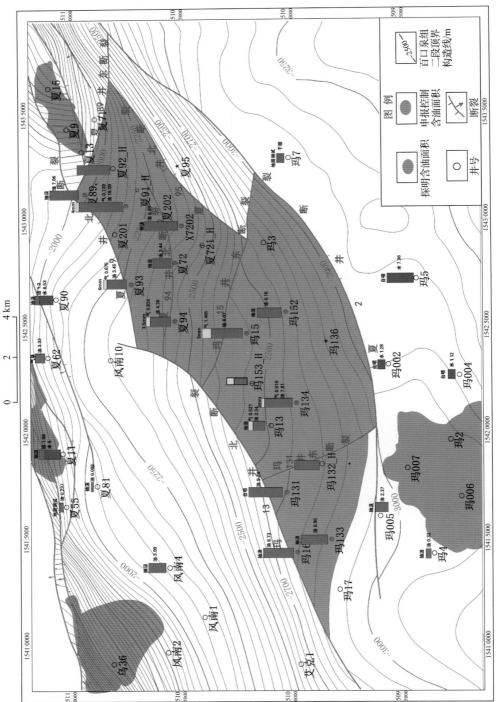

（a）百口泉组二段含油面积图

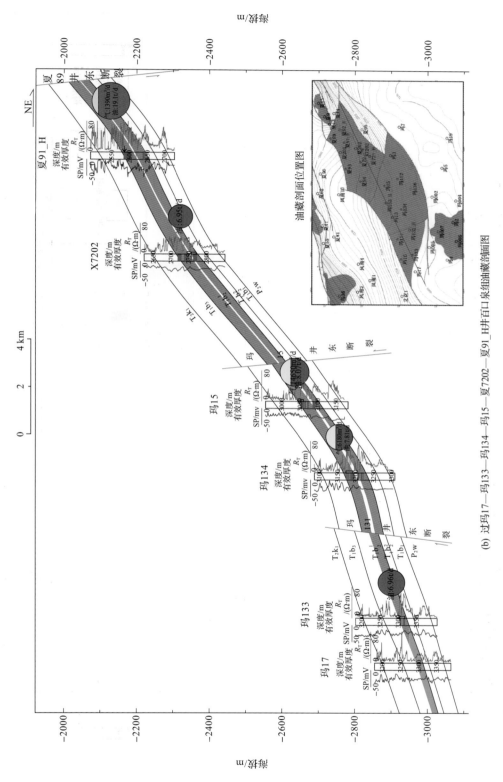

(b) 过玛17—玛133—玛134—玛15—夏7202—夏91_H井百口泉组油藏剖面图

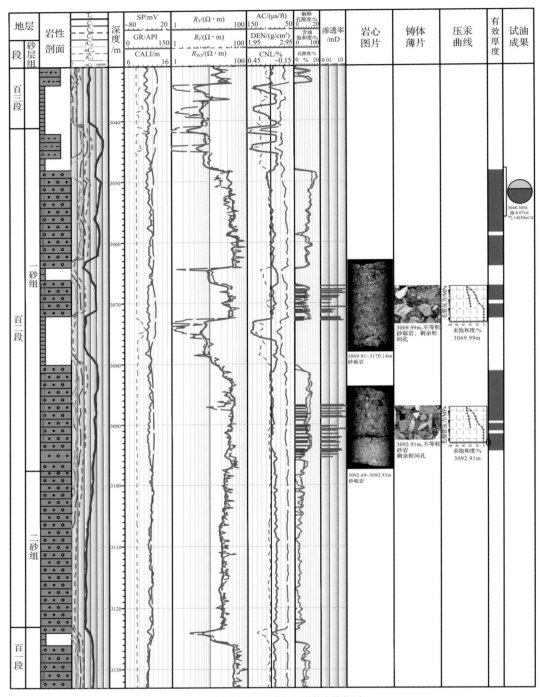

(c) 玛15井百口泉组二段综合柱状图

图 6-13　玛北斜坡区百口泉组油气藏综合图

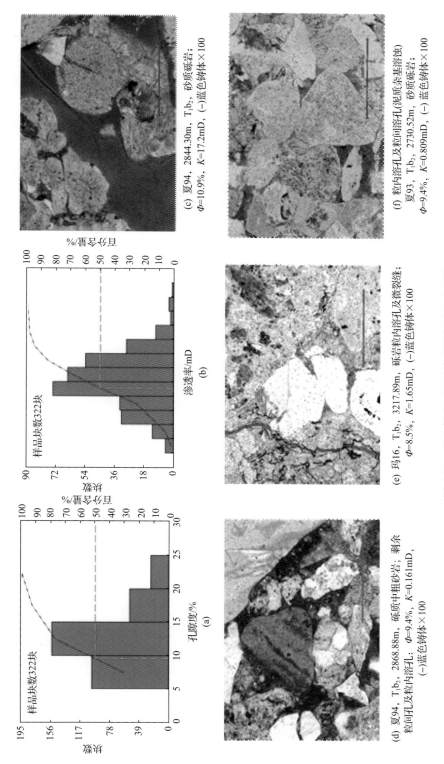

(c) 夏94, 2844.30m, T₁b₂, 砂质砾岩, K=17.2mD, (−)蓝色铸体×100
Φ=10.9%, K=17.2mD, (−)蓝色铸体×100

(f) 粒内溶孔及粒间溶孔(泥质杂基溶蚀), T₁b₂, 2730.52m, 砂质砾岩,
夏93, T₁b₂, 2730.52m, 砂质砾岩,
Φ=9.4%, K=0.809mD, (−)蓝色铸体×100

(e) 玛16, T₁b₂, 3217.89m, 砾岩粒内溶孔及微裂缝,
Φ=8.5%, K=1.65mD, (−)蓝色铸体×100

(d) 夏94, T₁b₂, 2868.88m, 砾质中粗砂岩, 剩余
粒间孔及粒内溶孔, Φ=9.4%, K=0.161mD,
(−)蓝色铸体×100

图 6-14　玛北斜坡区百口泉组储集层基本特征

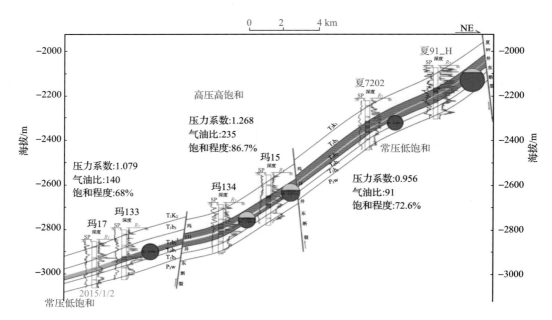

图 6-15　玛 17 井—玛 15 井—夏 91 井区油气藏基本特征剖面图

　　油层气油比也高达 $90\sim250 m^3/t$，该值明显高于断裂带原油，总体表明该区百口泉组原油成熟度更高。该区百口泉组原油伴生天然气的甲烷、乙烷和丙烷碳同位素组成分别在 $-41.99‰\sim-43.6‰$、$-29.5‰\sim-27.52‰$ 和 $-27.69‰\sim-27.19‰$（表 6-3），显示腐泥型-过渡型天然气特征。其中玛 134 井天然气碳同位素组成总体最重，显示过渡型天然气特征，估计有相对较多的乌尔禾组烃源岩贡献，这与其原油具有混源的特征相一致。其他的天然气样品总体偏轻，显示腐泥型然气特征，应该以风城组烃源岩贡献为主。据天然气碳同位素组成估算的天然气母质 R_o 为 $0.82‰\sim1.04‰$，达到生油高峰阶段，是烃源岩大量生烃阶段的产物。考虑到天然气的运移分异效应，实际的母质 R_o 应该再高一些。相对于断裂带乌 40 和乌 36 井区天然气的碳同位素组成，该区偏重，预示烃源岩母质成熟度更高。

3. 油气成藏期次与过程分析

　　玛 15 井 3064.68m 百口泉组荧光中砂岩粒间孔隙中不含油，无荧光显示，但该部分粒间孔隙中充填深褐色及黑褐色固体沥青，无荧光显示，主要发育 2 期的油气包裹体。第 1 期的油气包裹体发育于砂岩石英颗粒成岩次生加大早中期，发育丰度较高（GOI 约为 4%），包裹体多为环石英颗粒加大边内侧成线、带状分布，均为呈褐色、深褐色的重质油包裹体；第 2 期的油气包裹体发育于砂岩石英颗粒成岩次生加大晚期及其期后，发育丰度低（GOI 约为 1%），包裹体多为沿切穿石英颗粒的微裂隙成线、带状分布，包裹体中液烃呈淡黄色、黄色及黄绿色荧光，气烃呈灰色、深灰色。其中，油气包裹体约占 65%，油包裹体约占 35%。包裹体均一温度在 $80\sim125℃$（图 6-19）。

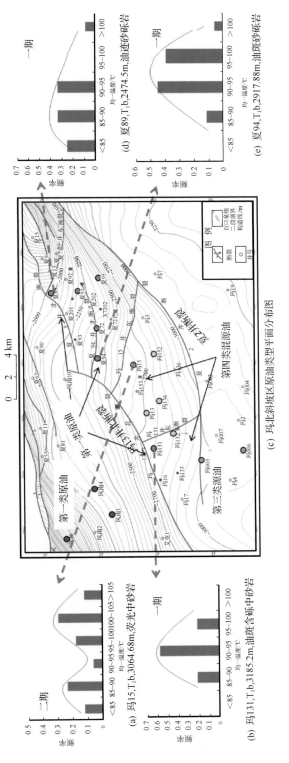

图 6-16　玛 17 井—玛 15 井—夏 91 井区包裹体均一温度分布对比图

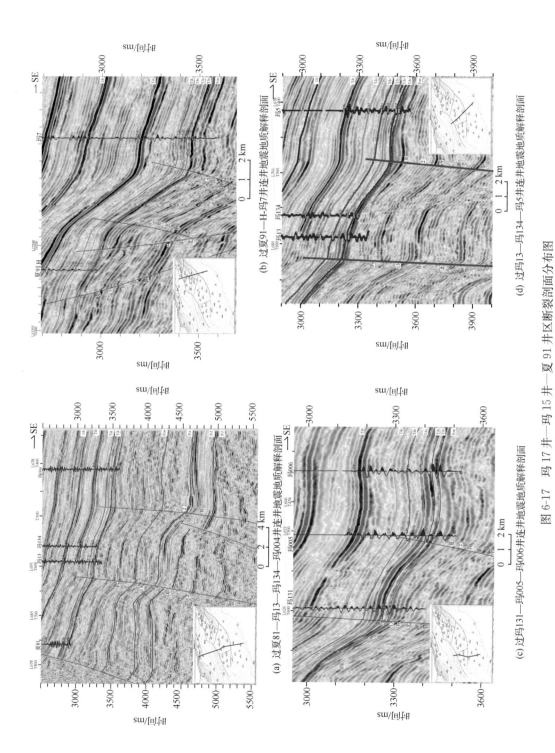

(b) 过夏91—H—玛7井连井地震地质解释剖面

(d) 过玛13—玛134—玛5井连井地震地质解释剖面

(a) 过夏81—玛13—玛134—玛004井连井地震地质解释剖面

(c) 过玛131—玛005—玛006井连井地震地质解释剖面

图6-17 玛17井—玛15井—夏91井区断裂剖面分布图

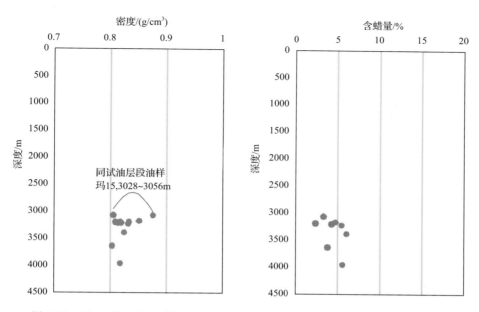

图 6-18　玛 17 井—玛 15 井—夏 91 井区百口泉组原油密度与含蜡量-深度关系图

表 6-3　玛 17 井—玛 15 井—夏 91 井区百口泉组天然气碳同位素组成数据表

井号	深度/m	甲烷/‰	乙烷/‰	丙烷/‰	丁烷/‰	$R_o(C_1)$/% （戴金星等,2003）	$R_o(C_1)$/% （徐永昌等,2006）
玛 13	3106.0～3129.00	−42.9	−29.2	−27.38	−26.38	0.90	1.04
玛 134	3169.00～3188.00	−41.99	−27.52	−27.19	−26.04		
玛 139	3261.00～3277.00	−43.6	−29.5	−27.56		0.82	0.97
玛 154	3026.00～3037.00	−43.28	−28.81	−27.69		0.85	1.00

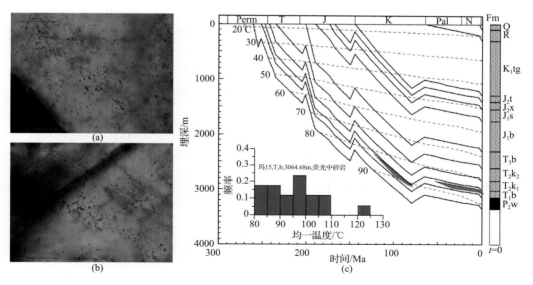

图 6-19　玛 15 井 3064.68m 百口泉组流体包裹体与成藏期次分析图

　　玛131井3185.2m百口泉组油斑含砾中砂岩大部分粒间孔隙中含中-轻质油,普遍显示较强的黄绿色及绿色荧光。该砂岩部分石英颗粒发育比较明显的次生加大边,但石英加大边中不发育烃类包裹体,主要发育1期次的油气包裹体。油气包裹体发育于砂岩石英颗粒成岩次生加大早中期,发育丰度中等偏高(GOI约为4%)。包裹体多为沿石英颗粒成岩期次生微裂隙成线、带状分布,或由于溶蚀成因、成群分布于长石颗粒中。包裹体中液烃呈淡黄色、绿色及黄绿色荧光;气烃呈灰色及深灰色。其中,油包裹体约占35%,油-气包裹体约占45%,天然气包裹体或天然气和盐水包裹体约占20%。包裹体均一温度分两段,低温段为油气包裹体,均一温度在60～70℃,含烃盐水包裹体在85～100℃。结合百口泉组地温史,主要从白垩纪开始油气发生运移,之后直到现今(图6-20)。

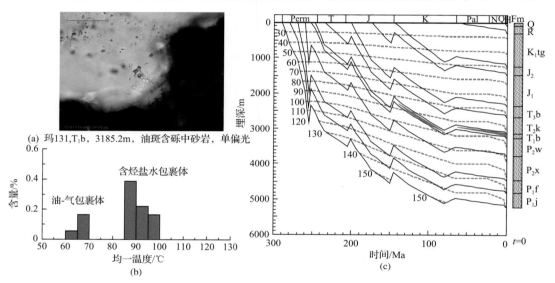

图 6-20　玛131井3085.2m百口泉组流体包裹体与成藏期次分析图

　　研究区玛15井区风城组烃源岩在二叠纪末期—三叠纪早期即进入生油阶段,乌尔禾组烃源岩在侏罗纪进入成熟阶段;侏罗纪—白垩纪风城组烃源岩处于大量生油阶段,乌尔禾组烃源岩进入生油阶段。直到现今,风城组烃源岩已达到生油高峰,但也生成了相对较多的天然气,相应的乌尔禾组烃源岩主要处于生油高峰之前的演化阶段,以生油为主。考虑构造运动影响,有效成藏期较晚(图6-21)。

　　该区南部玛005井区地层埋深更大,风城组烃源岩在二叠纪末期—三叠纪早期即进入生油阶段,乌尔禾组烃源岩在三叠纪—侏罗纪早期进入成熟阶段;三叠纪—侏罗纪风城组烃源岩处于大量生油阶段,乌尔禾组烃源岩进入生油阶段。到现今,风城组烃源岩已达到高成熟生气和轻质油阶段,相应的乌尔禾组烃源岩已大量生油阶段,底部已达生油高峰。同样考虑构造运动影响,有效成藏期较晚(图6-22)。

　　可见,该区不同部位烃源岩演化存在差异,其东南部百口泉组油层周围下部的风城组烃源岩由于夏子街组及乌尔禾组沉积速率大且厚度大而埋深大,在二叠纪末期就已达到生油阶段;之后沉积速率降低,地温梯度也下降,但烃源岩演化程度继续增加,目前仍主要处于成熟晚期-高成熟早期生轻质油阶段。考虑几期构造运动对油气的运移及保存有一

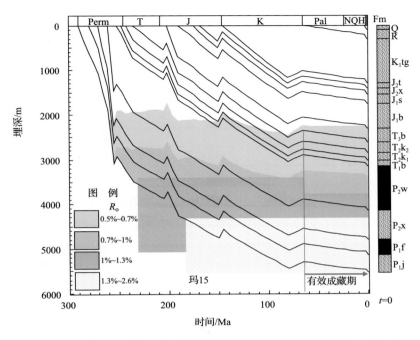

图 6-21　玛 15 井区烃源岩热演化与油气成藏分析图

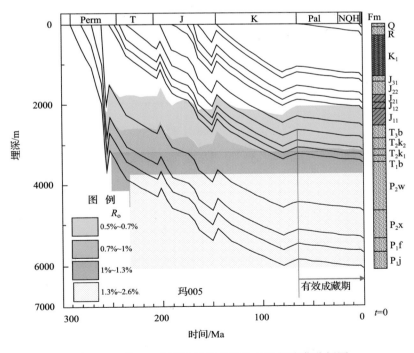

图 6-22　玛 005 井区烃源岩热演化与油气成藏分析图

定影响,所以,油气藏的形成总体较晚,百口泉组以晚期(古近纪及以后)成藏为主。

综合分析可见,玛131井区百口泉组三叠纪末期虽然储盖条件具备,但埋深较小,不利于油气的聚集和保存。侏罗纪—白垩纪埋深逐渐增大,虽然白垩纪有包裹体反映油气运移,但燕山早晚期构造作用对油气的保存较为不利,油气主要在新生代成藏,所以,新生代为有效成藏期(图6-23)。

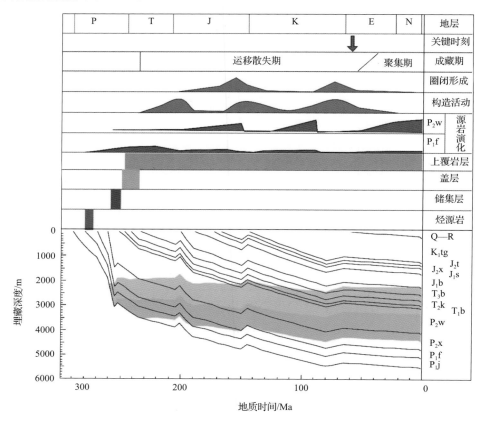

图6-23 玛131井区油气成藏事件图

6.2.3 斜坡带玛2—玛6井区百口泉组油藏解剖

1. 油藏基本特征

玛北油田玛2—玛6井区位于玛北斜坡内侧,构造格局为南倾的平缓单斜,局部发育鼻状构造及低幅度背斜(图6-24)。百口泉组和乌尔禾组均含油,百口泉组油层均为异常高压,油层水型为 $NaHCO_3$。其中,玛2井区百口泉组油藏主要受岩性控制,但其存在油水界面,故为构造-岩性油藏,其百口泉组油层中部压力56.7MPa,压力系数1.61,乌尔禾组油层中部压力59.3MPa,压力系数1.64;油藏饱和程度低,溶解气油比低(18.1~19.08m³/t),水型为 $NaHCO_3$ 型。玛6井区百口泉组油层主要受岩性控制,为岩性油气藏(图6-25),地饱压差高,饱和程度低47.8%,溶解气油比较高(170m³/m³),水型为 $NaHCO_3$ 型。

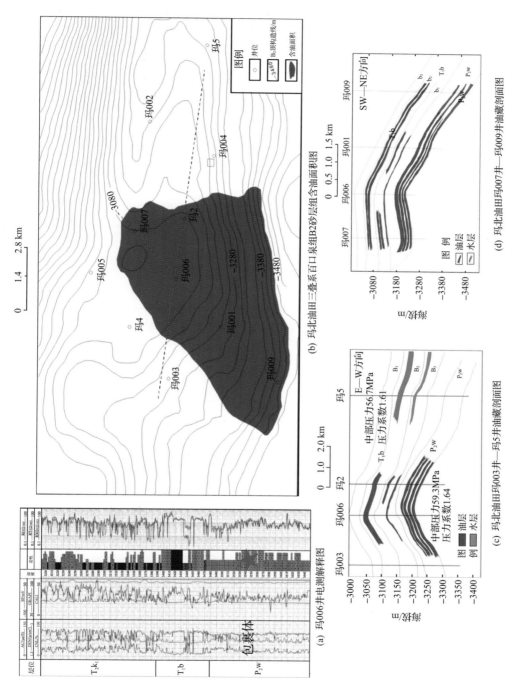

(a) 玛006井电测解释图

(b) 玛北油田三叠系百口泉组B2砂层组含油面积图

(c) 玛北油田玛003井—玛5井油藏剖面图

(d) 玛北油田玛007井—玛009井油藏剖面图

图 6-24　玛北油田玛 2 井区油藏综合图

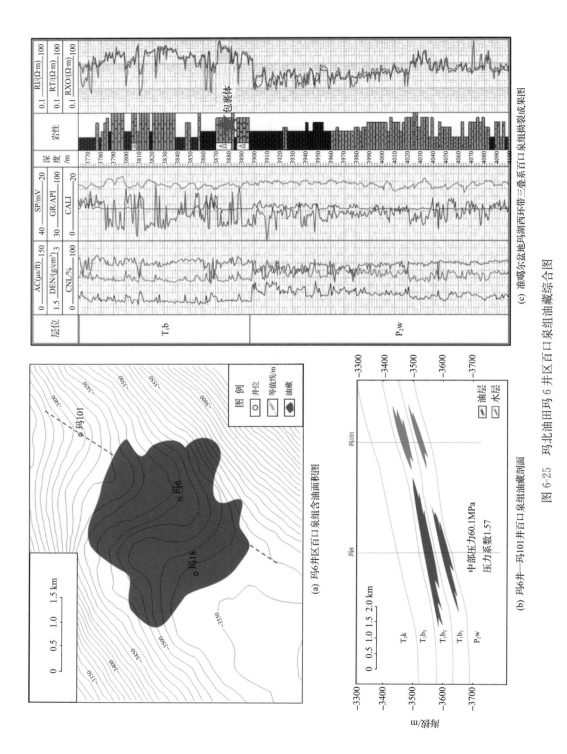

(c) 准噶尔盆地玛湖湖西环带三叠系百口泉组构造裂成果图

(a) 玛6井区百口泉组含油面积图

(b) 玛6井—玛101井百口泉组油藏剖面

图 6-25 玛北油田玛 6 井区百口泉组油藏综合图

2. 油气来源与成因

研究区以北的玛北油田北部玛 005 井区的百口泉组原油饱和烃气相色谱图（图 6-26）显示正构烷烃分布完整，胡萝卜烷含量较高，三环萜烷含量明显高于五环三萜烷，C_{20}、C_{21} 和 C_{23} 三环萜烷中，C_{23} 含量最高，稍高于 C_{21} 与 C_{23} 含量，而 C_{23} 略高于 C_{21} 含量，有一定的伽

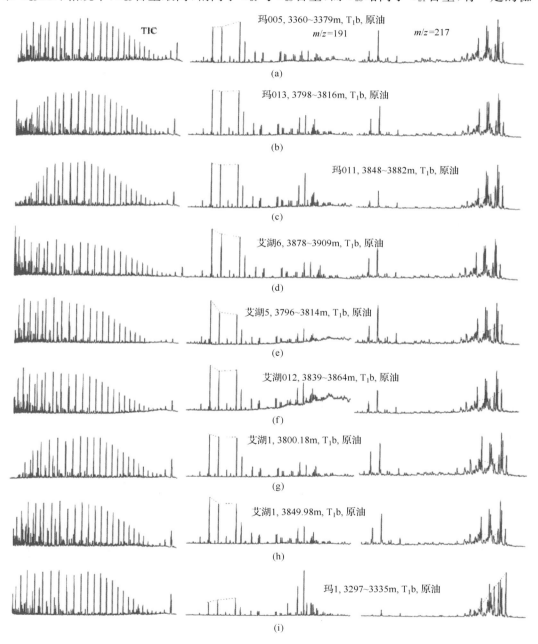

图 6-26 玛 005 井区百口泉组原油生物标志物特征

马蜡烷含量；甾烷组成中的孕甾烷和升孕甾烷高，重排甾烷（βα-20R-C$_{27}$；βα-20S-C$_{27}$）含量低，ααα-20R-C$_{27}$、ααα-20R-C$_{28}$和ααα-20R-C$_{29}$甾烷含量依次小幅度升高，与典型风城组原油大幅度上升的特征有差别，反映了有机相的变化（王绪龙和康素芳，1999；张鸾沣等，2015）。

研究区百口泉组原油的总体特征与其北部玛005井区百口泉组原油相似，饱和烃中有一定的β-胡萝卜烷含量，但其C$_{20}$、C$_{21}$和C$_{23}$三环萜烷分布形式以下降型为总体特征，只是下降的幅度有差别，孕甾烷与升孕甾烷含量较高，C$_{29}$甾烷分布特征显示成熟度很高，总体显示风城组烃源岩贡献为主的特征（图6-27）。邻近玛2井区的玛4井与其他油样甾萜烷分布特征略有不同，主要显示C$_{20}$、C$_{21}$和C$_{23}$三环萜烷分布形式呈略微增加趋势，伽马蜡烷含量、孕甾烷和升孕甾烷含量相对低一点，C$_{29}$甾烷分布特征显示为成熟特征，但低于其他油样。

玛2—玛6井区百口泉组油层原油伴生气的甲烷碳同位素组成主要在−39.26‰～−43.11‰，乙烷在−30.79‰～−30.79‰，丙烷在−30.15‰～−28.58‰，显示油型气特征（表6-4）。据天然气甲烷碳同位素组成估算的烃源岩R_o主要介于0.9‰～1.54‰，处于生油高峰-高成熟的演化阶段，演化程度高于玛17—玛15—玛91井区和乌33—乌36井区原油的烃源岩，对应的原油密度低，在0.81g/cm^{3}左右。其中玛6井百口泉组的原油溶解气油比高达170m^3/t。对应原油的C$_{29}$甾烷成熟参数20S/（20S＋20R）C$_{29}$甾烷和ββ/（ββ＋αα）C$_{29}$甾烷分别主要在0.48～0.50和0.52～0.66（表6-4），总体高于构造高部位的原油，表明其烃源岩演化程度更高。

表6-4 玛131区百口泉组天然气碳同位素组成数据表

井号	深度/m	甲烷/‰	乙烷/‰	丙烷/‰	丁烷/‰	$R_o(C_1)$/%（戴金星等，2003）	$R_o(C_1)$/%（徐永昌等，2006）
玛18	3854-3871	−42.83	−30.82	−28.58	−28.27	0.91	1.05
玛18	3854-3871	−43.00	−30.79	−28.68	−28.01	0.89	1.03
艾湖011	3848-3882	−43.11	−31.01	−29.17	−28.56	0.88	1.02
艾湖013	3798-3816	−40.36	−31.44	−30.15	−29.91	1.31	1.37
艾湖1	3848-3862	−39.26	−30.94	−29.52	−29.81	1.53	1.54

3. 油气成藏期次与过程分析

玛006井3504.5m深度乌尔禾组含油中细砂岩大部分粒间孔隙中充填的黏土及杂基吸附中轻质油，普遍显示微弱的黄绿色及绿色荧光。部分石英颗粒发育比较明显的次生加大边，主要发育1期的油气包裹体（图6-27）。油气包裹体发育于砂岩石英颗粒成岩次生加大期后，发育丰度极高（GOI约为20%）。包裹体多为沿切穿石英颗粒的微裂隙成线或带状分布，或由于溶蚀成因成群分布于长石颗粒中。包裹体中液烃呈透明无色、淡黄色及黄色，分别显示蓝色、黄绿色及黄色荧光；气烃呈灰色及深灰色。其中，油包裹体约占15%，油-气包裹体约占75%，天然气包裹体或天然气和盐水包裹体约占10%。包裹体均一温度在85～105℃。结合百口泉组地温史，主要从白垩纪开始油气运移，之后直到现今，但主要成藏期在古近纪及其之后（图6-28）。

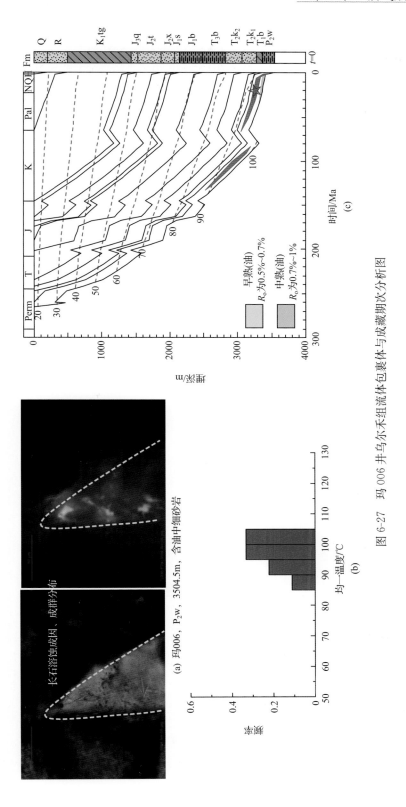

图 6-27　玛 006 井乌尔禾组流体包裹体与成藏期次分析图

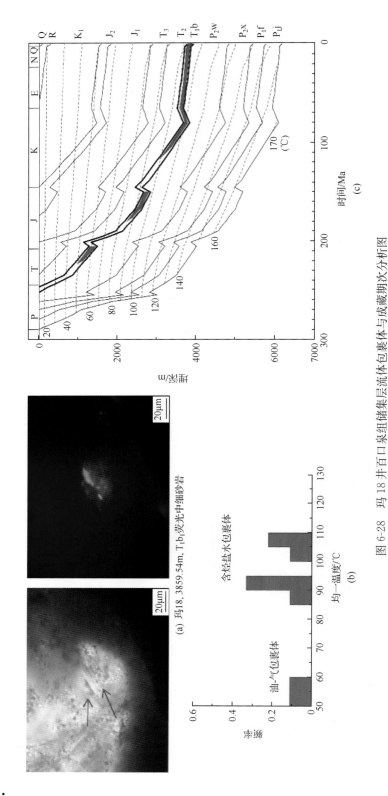

图 6-28 玛 18 井百口泉组储集层流体包裹体与成藏期次分析图

与玛 20 井构造特征及埋深相近的玛 18 井 3859.54m 百口泉组荧光中,细砂岩的粒间孔隙中充填的黏土及杂基吸附油浸沥青,普遍显示较强的黄绿色、黄色及黄褐色荧光,仅少部分石英颗粒发育次生加大边。油气包裹体发育于砂岩石英颗粒成岩次生加大边,丰度极低(GOI<1%)。包裹体多为沿切穿石英颗粒的成岩期后微裂隙成线或带状分布,或由于溶蚀成因而成群分布于长石颗粒中(图 6-28)。包裹体中液烃呈淡黄色及黄色,显示绿色、黄绿色及黄色荧光;气烃呈灰色及深灰色,无荧光显示。薄片中观察到一些油气包裹体,均一温度较低,主要在 50~60℃,可能代表了最早一期中晚三叠世时期的油气运移,该期应主要对应于固体沥青前身物-原油聚集的时期。其他的盐水包裹体均一温度较高,介于 85~95℃ 和 100~110℃,结合百口泉组埋藏史、地温史推测,主要从侏罗纪中晚期再次油气运移,早白垩世沉积后油气继续运移,之后直到现今成藏仍在进行(图 6-28)。

斜坡带玛 2—玛 6 井区百口泉组三叠纪末期虽然储盖条件具备,但埋深较小,不利于油气的聚集和保存。侏罗纪—白垩纪埋深逐渐增大,虽然白垩纪有包裹体反映油气运移,但燕山早晚期构造作用对油气的保存极为不利,油气主要在新生代成藏,新生代为有效成藏期(图 6-29)。

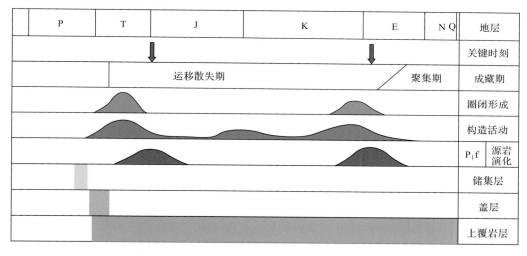

图 6-29　玛 2—玛 6 井区百口泉组油气成藏事件图

6.3　油气成藏模式与高产机理

6.3.1　油气成藏模式

前述分析表明,玛西斜坡百口泉组油气藏油气来源于成熟-高成熟的风城组优质烃源岩。进一步的储层岩相学观察和包裹体显微测温表明,砂砾岩经历过两次充注成藏:第 I 期油气充注发生于晚三叠世—早侏罗世,以发黄绿色荧光的烃类为代表,该期原油充注强度大、范围广;第 II 期油气充注发生于早白垩世,以发蓝色荧光的高熟油为代表,同样大面积成藏(齐雯等,2015)。由于热演化程度高,风城组烃源岩在生烃过程中,地层压力不断增大,进而在连通 P_1f 和 T_1b 高角度压扭性断裂的输导作用下,将这两期含烃流体运移至百口泉组砂砾岩层(图 6-30),同时也导致百口泉组地层压力不断增大(冯冲等,2014;瞿建华等,2014)。有意义的是,百口泉组砂砾岩非均质性极强,其中物性相对好的扇三角洲前缘水下河道砂岩和砂质细砾岩被含烃类流体优先充注。研究区这种扇三角洲前缘水下河道砂体的叠置连片发育,规模巨大,所以砂砾岩油藏得以沿油源断裂大范围分布。同时,因含烃类流体在从烃源岩排出时即含有一定量的有机酸和 CO_2,可改变储集层地层流体性质,如降低其 pH 等,进而显著促进长石及方沸石等矿物的溶解(曲永强等,2015)。该过程伴随大量溶蚀孔隙的形成,在通源断裂的上倾方向形成次生孔隙带,不断改善含烃类流体的储集空间,直至通源断裂之间的水下河道砂砾岩完全被含烃类流体充注。据此,可将研究区百口泉组的油气成藏模式归纳为在大型缓坡浅水扇三角洲沉积控制下的源上扇-断-压三控大面积成藏模式(图 6-30)。

总之,如图 6-30 所示,油气在充足的油气源条件下,沿立体的输导体系被三套区域性盖层有效封盖,向着三类规模有效储层在有利圈闭中运聚成藏。因此油气富集规律可归纳为"源-输控烃、储-盖控藏",相应按目的层和圈闭类型形成了三大有利油气成藏领域,按当前的勘探程度依次为三叠系下统百口泉组岩性油藏群、二叠系下统风城组致密油及石炭系—二叠系下组合大构造油气藏群等,形成了玛湖大油(气)区,油气主要分布在深层。以天然气为例,玛湖凹陷目前在凹陷区尚未发现浅层气藏,只在断裂带地区有所发现,这是因为凹陷内深层埋深大、压力高,加之超压层的封闭,因此气藏主要分布在深层;相比而言,断裂带地区的超压相对不发育,所以可以在浅层形成气藏。

6.3.2 油气富集规律

1. 沉积相带控制储层物性与含油气性

玛湖凹陷研究区主力油层百口泉组二段自上而下分为百二段一砂组($T_1b_2^1$)与百二段二砂组($T_1b_2^2$)。其中,百二段一砂组中上部为滨浅湖相,底部为扇三角洲前缘水下沉积,岩性主要为灰色砂砾岩、砾岩及含砾粗砂,杂基含量少,物性好,有效孔隙度 7.1%~10.2%,电性上表现为低伽马及中高电阻、中密度的特征,为主力油层发育段;百二段二砂组为扇三角洲平原水上沉积,岩性主要为褐色砂砾岩,杂基含量高,电性上表现为高伽马、中电阻、中密度的特征,含油性较差(图 6-31)。

2. 湖水进退控制相带展布与油层发育

由于百口泉组整体为湖进砂退的沉积旋回,所以扇三角洲前缘相带的分布随着层位变新逐步由盆地向老山方向退却(图 6-32)。分布于玛湖凹陷斜坡区下倾方向的玛 13 井区百口泉组一段代表了三叠系早期低位扇的沉积特征。含油层主要分布于扇三角洲前缘相带内,相带控油气分布特征明显,其他地区多为水上环境的扇三角洲平原相带。百口泉组二段沉积时期,随着湖侵,湖岸线逐步向老山方向靠近,扇三角洲前缘相带也逐步向老山方向扩大,已扩展至斜坡区上倾方向夏 201 井区,对应玛 131—夏 72 井区百口泉组二段

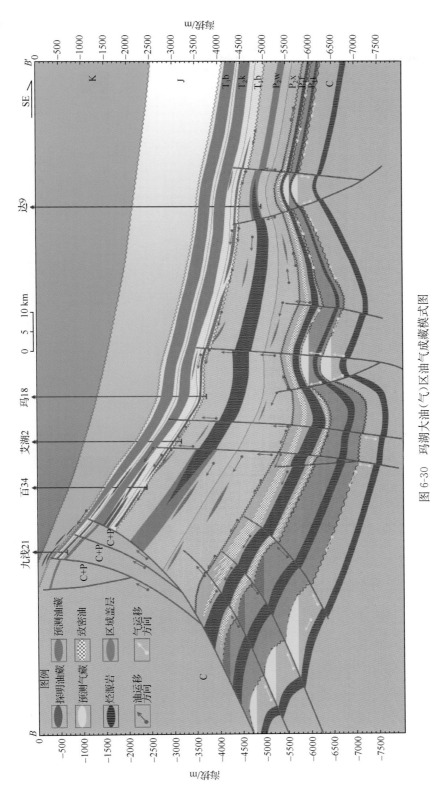

图 6-30　玛湖大油（气）区油气成藏模式图

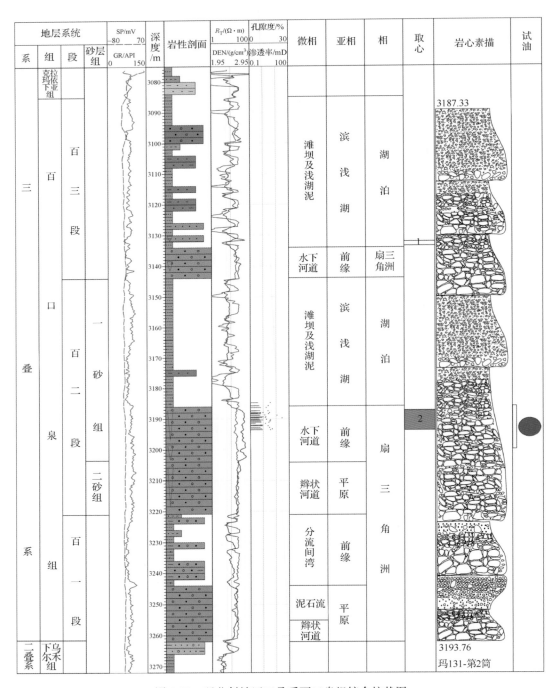

图 6-31 玛北斜坡区三叠系百口泉组综合柱状图

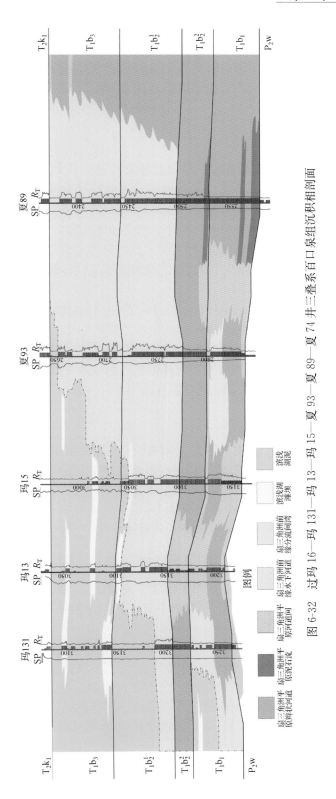

图 6-32 过玛 16—玛 131—玛 13—玛 15—夏 93—夏 89—夏 74 井三叠系百口泉组沉积相剖面

主要含油层。随着水体范围进一步扩大,百口泉组三段沉积时期扇三角洲前缘相带已退至老山附近,其他地区以滨浅湖为主,因而百口泉组三段含油层主要分布于靠近老山附近。总之,随着湖平面上升,扇三角洲前缘亚相逐步向斜坡区上倾方向扩展,含油层逐渐变新。扇三角洲前缘亚相在垂向上控制着储层物性及含油性,在平面上控制着油气分布与富集,玛北斜坡区百口泉组油藏整体位于夏子街扇西翼扇三角洲前缘有利相带。

3. 相带与物源的远近控制油气的富集

根据离物源远近,将夏子街扇西翼扇三角洲前缘亚相进一步划分为玛 131 井区、玛 15 井区与夏 72 井区,其砂体结构与产量表现为分区发育的特点。自西南至东北方向,油层发育层位依次变新且厚度增大。玛 131 井区远离物源,仅发育下部砂层,含油层位为百二段一砂组下部;玛 15 井区扇三角洲前缘亚相分流河道砂体发育,呈砂泥互层结构,发育两个砂层,含油层位为百二段一砂组;夏 72 井区为靠近物源的扇三角洲前缘亚相,百口泉组二段砂体为块状或厚层状(砂夹泥),百口泉组三段发育互层状砂体,含油层为百口泉组二段一砂组与百口泉组三段。

玛北斜坡区油气产量统计表明,分布于扇三角洲前缘亚相中部的玛 15 井区位于主河道间或主河道前部,产量高;而位于扇三角洲前缘亚相前部的玛 131 井区由于距物源远,砂砾岩厚度相对较薄,泥质含量相对较高,油气成藏条件较玛 15 井区稍差,产量稍低;夏 72 井区由于距物源近,发育较厚砂砾岩,搬运距离短且分选较差,导致储层物性较差且产量普遍较低,通过水平井改造可以获得较高产量。

6.3.3 油气高产机理与控制因素

在大型缓坡浅水扇三角洲沉积模式和源上扇-断-压三控大面积成藏模式指导下,玛湖凹陷研究区油气勘探不断取得突破,油气高产区不断出现,如玛西斜坡区经压裂后产油段百口泉组一段和二段的日产均值达 17.1t,以玛 18 井区为代表在百口泉组获得了最高日产达 48.6t(艾湖 011 井)的纪录。综合分析认为,玛西斜坡百口泉组油气的富集与高产,受裂缝发育、油轻含气和异常高压等因素的共同控制。

1. 发育扇三角洲前缘相规模有效储层,且多见微裂缝

玛湖凹陷百口泉组目前发现的油气高产区都位于大型扇三角洲前缘相带,发育有效规模双重介质(孔隙和裂缝)储层,这为油气高产奠定了最基本的储层条件(图 6-33)。如图 6-34,研究区发育多个扇群,存在多个有利的扇三角洲前缘相带,平面上也稳定发育,叠置连片。这类前缘相的砂砾岩储层厚度在 50~100m,油层厚度在 10~50m,孔隙度在 5%~12%,储集空间类型主要为剩余粒间孔及溶孔(长石),其次是黏土收缩孔及微裂缝。下伏二叠系烃源岩生烃产生的有机酸性水沿裂缝、不整合面向上持续溶蚀是次生孔隙发育的主要因素,与残余的原生孔隙以及裂缝等一起构成了复合的储集空间。其中,裂缝发育是油气能够高产的一个重要控制因素,能够有效改善储层,形成流体渗滤的高速通道。

此外,广泛发育的断裂伴生微裂缝与砾缘缝。如前所述,玛西斜坡区发育了若干条北北东向展布的高角度逆冲断裂,断开三叠系百口泉组储集体,直接沟通下部烃源岩;同时,

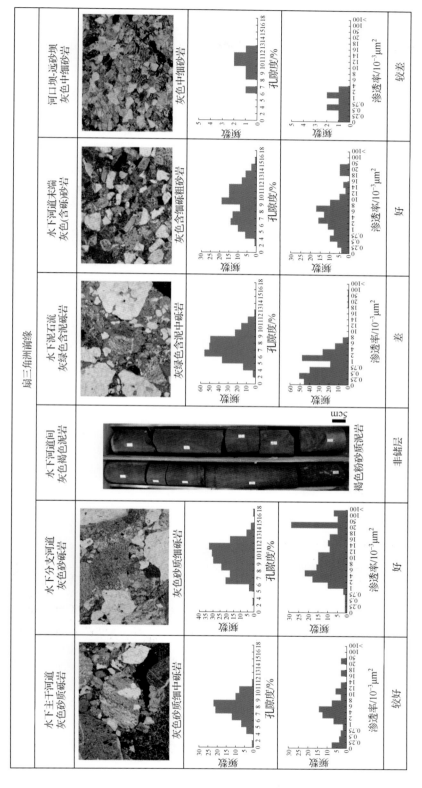

图 6-33　百口泉组扇三角洲前缘储集砂体综合特征

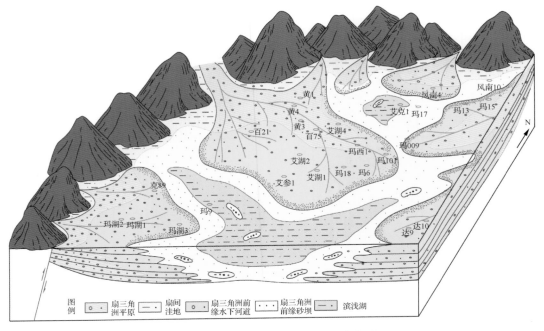

图 6-34　玛湖凹陷百口泉组沉积模式图

斜坡区发育一系列具有调节性质、近东西向的走滑断裂,平面上成排、成带发育,与主断裂相伴生。这些逆冲及走滑断裂断层由斜坡高部位延伸至生烃凹陷,构成了油气运移高速通道,有利于油气运移和聚集。同时,有意义的是,由于断裂并非一个简单的断层面,而是由断层面和一系列应力释放形成的伴生微裂缝共同组成(李乐等,2011;周维维等,2016),这些微裂缝与研究区广泛发育的砾缘缝、黏土收缩缝连通起来(图 6-35),沟通了开发过程轻质油气的优先渗流通道(徐洋等,2016),为研究区油气高产创造了良好的输导条件。

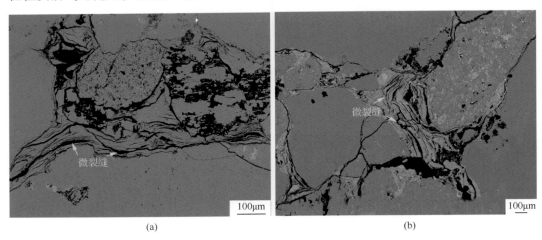

图 6-35　玛湖凹陷百口泉组砂砾岩微裂缝照片

(a)灰色含泥中砾岩砾石边缘发育定向排列的伊利石收缩缝,电子探针背散射,艾湖 1 井,T_1b_2,3800.15m;

(b)灰色砂质细砾岩发育砾缘缝,电子探针背散射,玛 18 井,T_1b_1,3909.56m

2. 原油高熟轻质,普遍含气

"连续型"油藏因主体处于凹陷区,储层相对较致密,因此其原油的可流动性与开采是一个重要问题,如若原油性质好,则会有利于油气高产(邹才能等,2009;贾承造等,2012)。玛湖凹陷百口泉组目前高产区发现的原油均表现出高熟轻质的特征,密度主体分布在 $0.82\sim0.86\mathrm{g/cm^3}$,且普遍含气(图 6-36、图 6-37),反映捕获的是烃源岩处于成熟—高成熟演化阶段的产物,并且有从断裂带向斜坡区原油密度逐渐降低的趋势,这与有效烃源岩分布及其演化趋势吻合。

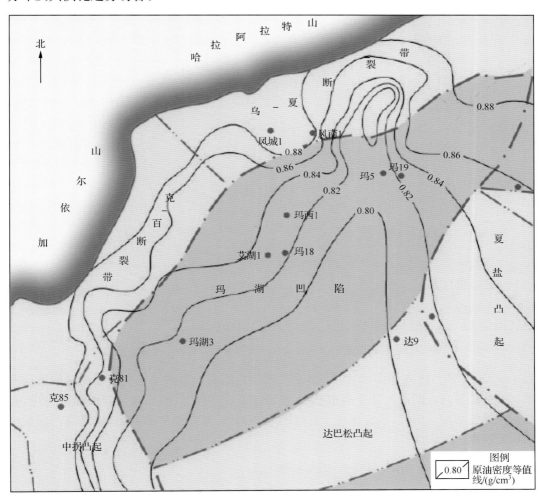

图 6-36　玛湖凹陷百口泉组原油密度分布

从烃源岩发育的背景来看,玛湖斜坡区整体位于玛湖富烃凹陷中心区,优质烃源岩发育利于原油生成。这些烃源岩可能存在 4 套,由深至浅分别为石炭系、下二叠统佳木河组、风城组及中二叠统下乌尔禾组。4 套烃源岩系中均有中等-高有机质丰度的泥岩样品分布,并且比较而言,以下二叠统风城组烃源岩质量最为优质(王绪龙和康素芳,1999;

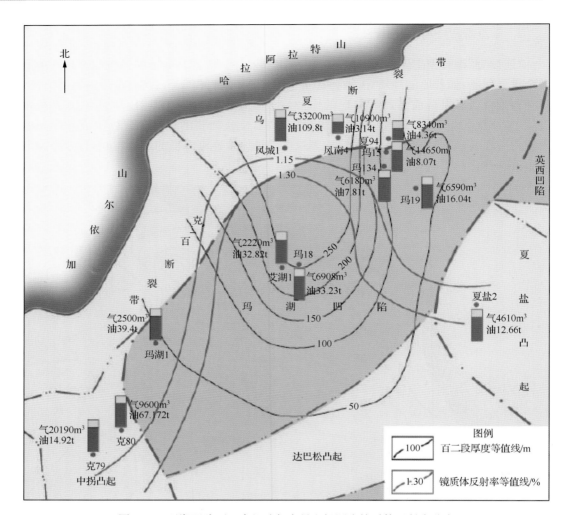

图 6-37 玛湖凹陷百口泉组油气产量和烃源岩镜质体反射率分布

Cao et al.，2005；匡立春等，2012）。多套烃源岩为形成丰富的油气奠定了良好的物质基础。这些烃源岩在凹陷区处于高成熟演化（图 6-37），因此以形成高熟轻质原油为主，且已有天然气形成。因此，研究区位于富烃凹陷中心区，高熟油气源充足，这是高产区形成的物质基础。

3. 异常高压

越来越多的研究发现，异常高压（超压）对油气勘探的意义重大，包括扩大生烃窗范围、改善储层物性及提高盖层的封闭性等，玛湖凹陷百口泉组也不例外，其油气高产也与异常高压相关。首先，从平面上看，如图 6-38，百口泉组的高产区与异常高压分布区基本相重合，且随地层压力变高，油质越来越轻，且普遍含气，反映了异常高压是油气高产的一个重要控制因素。以玛西斜坡区为例，上斜坡带百 12 井区常压（压力系数 1.0），此处物性较差且产量低，至下斜坡带玛 18 井，地层高压（压力系数 1.7），油质开始变轻、物性较好且产量较高。再以玛南斜坡区玛湖 1、玛湖 2 及玛湖 3 井为例,它们百口泉组的压力系数分别为 1.53、1.35 及 1.19。有意义的是,高压的玛湖 1 井与玛湖 2 井都有过油气充注的证据,而常压的玛湖 3 井油气显示差。

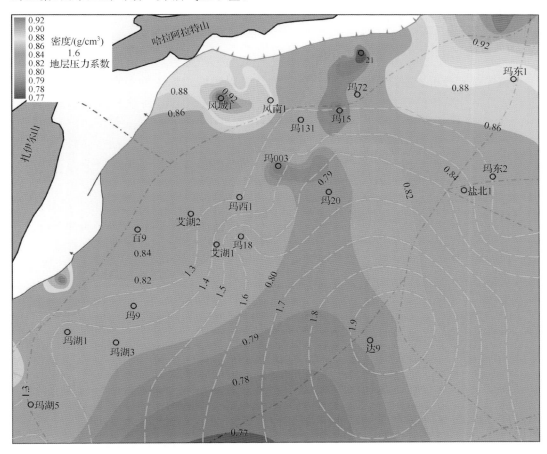

图 6-38　玛湖凹陷百口泉组原油密度和地层压力系数等值线图

　　分析认为,百口泉组异常高压对油气高产的控制作用是多方面的。首先,在对生烃的影响方面,高压区的有效源岩生烃期/时间增大,成熟-高成熟油气不断形成;其次,在对储层物性的影响方面,超压使得孔隙水排出的通道受阻,超压系统降低了储层的有效应力,减弱了压实压溶作用,使得储层孔隙度下降停止或减缓,因此超压区相对常压区更有利于储层;此外,还能对油气的保存起到有效作用,在超压区,压力封闭和物性封闭共同作用,提高了盖层的封闭性。因此,研究区的勘探理念需要从上斜坡常压带的中质油勘探转向下斜坡带高压、轻质油高产带勘探。

　　综合上述,百口泉组油气高产的主控因素有三个,这三大因素很好地耦合在一起,扇三角洲前缘有利相带的分布大部分位于异常高压与轻质油重合区,反映了油气成藏与富集内在的必然联系。

6.4 高熟油气分布与有利勘探领域

6.4.1 高熟轻质油气分布

1. 原油

前述章节分析表明,玛湖凹陷区高成熟油气是以风城组为主的多套优质烃源岩在接近高成熟演化阶段的产物,油气运聚以近源充注为特征。因此,要预测高成熟油气的分布,查明烃源岩的热演化程度,再结合其他成藏条件进行综合分析是关键。

玛湖凹陷风城组优质烃源岩的热演化程度具有随埋深增大而逐渐加大的趋势,目前已经入高成熟演化阶段($R_o > 1.3\%$),也处于高生烃强度中心区。因此,整个玛湖凹陷区成藏前景广阔,都是高成熟油气的潜在勘探领域。

研究区内高成熟轻质油气分布的深度和层位很广,其垂向分布主要受控于输导体系。只要存在有利的输导体系沟通(断裂),又具备合适的其他成藏条件,高熟轻质油气可以在任何深度聚集成藏,这对于勘探而言是非常有利的。进一步对比可发现两个有意义的现象:首先,无论是石炭系—二叠系还是三叠系,一个共同特征是随埋藏深度的加大,原油密度呈递减趋势,据此可以确定,深度越大,油质越轻,故玛湖凹陷深层油气勘探领域广阔;其次是油气与层位的关系,三叠系原油的密度较深层石炭系—二叠系油质更轻,反映了油源的差异。如前所析,三叠系的原油主要来自于风城组,而石炭系—二叠系的原油可能有更多来自其他石炭系—二叠系烃源岩的贡献。

综合上述,玛湖凹陷区的高成熟油气勘探领域广阔,无论是中浅层三叠系还是深层石炭系—二叠系,均有可能发现大规模的高成熟油气聚集。

2. 天然气

第四章对天然气地球化学特征与成因的分析表明,研究区存在 3 类天然气,就目前研究区的产出特征来看,来源自风城组烃源岩的油型气占天然气比重最大,其次是 C/P_1j 煤型气,进一步结合油气地质背景和运聚成藏特征,讨论天然气资源远景,按重要性依次分述如下。

1) P_1f 来源油型气

对玛湖凹陷下二叠统 P_1f 烃源岩的最新研究表明,这套烃源岩主要形成于碱湖沉积环境中,属于盐湖沉积大类中的一种(曹剑等,2015)。对这类碱湖沉积体系(如美国绿河组页岩等)的研究发现,碱湖沉积水体环境有利于藻类的发育,生烃能力数倍于常规湖相烃源岩(Mello and Maxwell,1990;Horsfield et al.,1994),可见 P_1f 烃源岩具有很好的生烃母质条件。根据目前的研究数据,P_1f 烃源岩平均 TOC 为 1.3%(在 P_1f 沉积中心烃源岩 TOC 值更高,平均可达到 2.5%),PG 平均为 4.9mg/g,且已普遍达到成熟-高成熟演化阶段,是研究区 4 套烃(气)源岩中质量最好的一套。此外,从原油、天然气及储层抽提物的地球化学特征来看,P_1f 烃源岩还具备多期持续生烃的特点,这为形成大量 P_1f 来源油型气提供了动力基础。因此,对于向凹陷区深层不断拓展的天然气勘探来说,风城组应当是最具潜力的一套烃源岩。并且,根据地层埋藏—演化史,风城组在高-过成熟区还存在一定油裂解气的潜能。

2) C/P_1j 来源煤型气

C/P_1j 烃源岩有机质类型主要为Ⅲ型,平均 TOC 值与 PG 分别为 1.3% 与 1.0mg/g,并且普遍进入高-过成熟演化阶段,在整个研究区广泛分布。烃源岩与天然气地球化学特征表明,C/P_1j 烃源岩具有生成大量干酪根裂解气的潜力。这种煤型气以干气为主,符合形成大型气藏一个重要的先决条件。但是目前 C/P_1j 来源煤型气主要发现于中拐北坡,原因在于发现的这类煤型气通常是源内或近源成藏。中拐凸起地区 C/P 地层埋深较浅,而向凹陷方向 C/P 地层深度急剧加深,因此在凹陷内的气藏可能由于成藏较深而未被钻遇(图 6-30)。

结合研究区地层展布特点,发现在凹陷内部二叠系发育有多套深大构造背斜,很可能是 C/P_1j 来源天然气的储集空间,且其上部小断裂及裂缝非常发育,良好的疏导体系连接上部断块及断鼻圈闭,共同构成有利的成藏条件。

3) P_2w 来源煤型气

研究区目前发现的 P_2w 烃源岩最显著的特点是具有较高的 TOC 值(平均 1.5%)和较低的 PG 值(平均 0.6mg/g),反映其母质类型较差。从目前天然气的发现情况看,P_2w 来源的煤型气在中拐北坡、玛湖斜坡区及断裂带均有发现,但所占比重较低。对比有机质类型同为Ⅲ型的 C/P_1j 烃源岩,其成熟演化程度以及生烃潜力都不如 C/P_1j 烃源岩,这可能是导致其生气量较少的主要原因。综上所述,推断 P_2w 烃源岩的生气能力可能不及以上两类烃源岩。

6.4.2　三大勘探领域

玛湖凹陷大油区的油气富集规律表现为"源-输控烃,储-盖控藏"(图 6-30),相应形成了三大勘探领域,以下按勘探程度和成果,由浅至深分述。

1. 三叠系下统百口泉组扇控大面积岩性油(气)藏群

三叠系下统百口泉组是当前研究区的主要目标,油气成藏与富集的核心是断裂、储层及顶底板。首先是断裂的沟通,使得百口泉组在垂向虽然远离主力烃源层风城组 1000～2000m,但仍可以形成油气聚集(图 6-30),这是由于众多断裂形成高效沟通油源网络,使得原本纵向上与烃源岩分隔的它源型的储盖组合可近似看作为源储一体或自生自储型的"连续型"油气藏储盖组合。因此,断裂对这类它源型大面积成藏起着关键作用。

其次是发育大规模稳定展布的砂砾岩储层,这为油气的大面积运聚提供了良好输导与储集条件。这些砂砾岩储层属于扇—三角洲沉积。如图 6-34,玛湖凹陷周缘共发育了六大物源沉积体系,与之对应发育了六大扇体,分别为夏子街、黄羊泉、克拉玛依、中拐、盐北及夏盐。在六大扇体的控制下,百口泉组陆源碎屑供给充足,沉积时坡度较缓,扇三角洲前缘亚相发育,砂体可直接推进至湖盆中心,尤其早期低位沉积的百一段及百二段砂砾岩分布广、厚度大且物性相对较好。单个扇体前缘相分布面积较大,均在数百平方公里,为油气的大面积运聚提供了良好输导与储集条件。

最后是顶底板条件,百口泉组在大范围缓坡构造背景下发育厚层状顶底板,以及大规模相变形成的上倾与侧向组合遮挡带,使得油气不易逸散,可以呈连续型稳定分布。如图 6-39,从油气成藏的顶底板条件来看,玛湖斜坡区百口泉组(一段及二段)油气藏的顶板为三叠系白碱滩组湖相泥岩区域盖层及三叠系克拉玛依组—百口泉组三段的细粒沉积,而底板是下伏二叠系下乌尔禾组在区域上整体发育的 50～100m 厚层泥岩,此外,局部百一段与百二段底部为扇三角洲平原相致密砂砾岩,也可形成底板封堵。可见,百口泉组前缘砂体油气藏具备良好的顶底板封闭条件。

从油气成藏的侧向封堵来看,玛湖斜坡区百口泉组扇体主槽部位发育平原相杂色及褐色致密砂砾岩带,主要为泥石流沉积,该套沉积沿沟谷在斜坡区呈带状分布,其两翼为前缘相灰色砂砾岩沉积,扇体间多以扇间泥岩分割,因此前缘相带两翼由于受平原相与扇间泥岩的分割作用,侧向上形成良好的遮挡条件。上倾部位除了部分受平原相致密带和湖相泥岩遮挡外,克—乌断裂也起着重要的遮挡作用。因此平原相致密层、湖相及扇间泥岩、断裂平面相互配置,形成组合式多面遮挡,为前缘相带大面积成藏提供了优越的保存条件。

以上百口泉组的成藏有利条件与基本特征实际上在下伏的中上二叠统上、下乌尔禾组中也基本具备,因此上、下乌尔禾组也是下步这种类型油气勘探的有利目标层系。实际上,这套层系中已有所发现,如玛北油田和玛东地区的盐北 1 井等。

2. 二叠系下统风城组致密油

玛湖凹陷二叠系下统风城组有国内外独具特色的致密油聚集(匡立春等,2012)。根据储层岩性,致密油可划分为三大类:砂砾岩、云质岩及火山岩。这三类储层受沉积环境影响呈此消彼长、互补发育特征。如图 5-18,砂砾岩储层主要分布在山前断裂带风城组三段及风城组二段的中、上部;火山岩主要分布在乌夏地区风城组一段,主要岩性为凝灰岩和熔结凝灰岩;云质岩储层分布最广泛,主要岩性为云质粉砂岩及泥质云岩。

以分布最为广泛且当前勘探最为成功的云质岩为例,其分布受沉积旋回控制,在不同相区,云质岩分布的位置不同。如在碱类矿物发育的风南 5—风南 7 井区,云质岩主要分布于碱类沉积发育段(风城组二段)的顶底板;相比而言,过渡区主要分布于风城组二段、风城组三段下部及风城组一段上部;其他地区主要分布于风城组二段;而在受陆源碎屑影响较小的湖泊边缘及湾区,整个风城组均富含云质岩。

云质岩储层优势岩性为云质粉砂岩及泥质白云岩,储集空间以中-小孔为主,大孔相对不发育,不同物性的储层均具有较好的含油性,如风南 2 井区 6 口井取心见富含油岩心 0.74m,油浸级岩心 2.67m,油斑级岩心 31.59m,及油迹级岩心 10.71m,录井油气显示纵向上跨度可达 500m,表现为整体含油的特征。

由于云质含量相对较高,储层脆性好,和盆地其他两个致密油重点勘探领域(吉木萨尔凹陷芦草沟组及沙帐断褶带平地泉组)相比,玛湖凹陷研究区风城组云质岩储层脆性最好,同时裂缝较发育,岩心见直劈及斜交等各种产状的裂缝,成像测井揭示有大量裂缝发

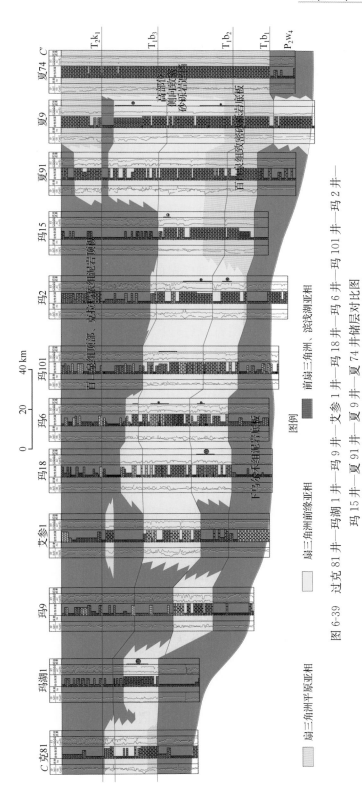

图 6-39　过克 81 井—玛湖 1 井—玛 9 井—艾参 1 井—玛 18 井—玛 6 井—玛 101 井—玛 2 井—玛 15 井—夏 91 井—夏 9 井—夏 74 井储层对比图

育(吴采西等,2013)。储层较好的脆性和大量发育的裂缝形成了可以进行高效压裂改造的先天条件。另外,云质岩储层厚(单层厚度 10～60m,累计厚度大于 200m)纵向集中发育,适合于水平井体积压裂和直井分段压裂,可具有优越的勘探与开发潜力。

3. 石炭系—下二叠统大构造油气藏群

与上面介绍的百口泉组和风城组均主要表现为(准)"连续型"油气藏不同,玛湖凹陷研究区石炭系—下二叠统主要发育的是构造型圈闭。尽管这一领域目前勘探和研究程度较低,但预测具备形成大油气田的四大有利条件:发育规模构造圈闭、存在两类特殊储层、紧临高熟烃源岩及发育异常高压,而且与上面两大勘探领域以原油勘探为主不同,深层大构造因烃源岩热演化程度高,因此勘探目标除了油还有气。

首先是深层石炭系—下二叠统发育规模构造圈闭。石炭纪—二叠纪是准噶尔盆地形成的雏形期,属于前陆盆地演化阶段(贾承造等,2005;曲国胜等,2009)。由于构造活动强烈,形成了大量大型构造圈闭,具备形成规模油气藏的圈闭条件(图 6-40)。这些大型构造圈闭因形成期早(早二叠世),远早于油气的大量生成期(三叠纪),因此匹配关系良好,属于有效圈闭。

其次是发育两类特殊储层。玛湖凹陷石炭系—下二叠统深大构造位处深层,因此储层是否发育比较关键。研究发现,该领域发育两类特殊储层,可望具有良好的储层条件。具体而言,这两类特殊储层是石炭系和下二叠统佳木河组的火山岩及下二叠统风城组的云质岩,它们的储层物性受埋深影响小(胡见义等,1984;赵文智等,2009;张静等,2010)。除了这两类受埋深影响较小的特殊储层发育外,研究区二叠系各组之间还整体表现为逐层超覆沉积,在凹陷的边缘各组之间均存在沉积间断,发育不整合及风化壳,有利于储层的改善与形成。而构造高部位断裂及裂缝发育也可有效改善储层,具备形成油气高产的储层条件(赵文智等,2005a;何登发等,2010)。

第三是紧临高熟烃源岩。深层石炭系—下二叠统处于源内或贴近烃源层,因此有利于内幕成藏,主力烃源岩风城组在玛湖凹陷内地层埋深普遍超过 5000m,烃源岩演化程度高,因此所生油气高熟轻质。根据实际样品分析,风城组烃源岩热解分析 T_{max} 值分布在 $425\sim451℃$,R_o 在 $0.56\%\sim1.02\%$。考虑到这些样品主要位于凹陷边缘地层埋深相对较浅的区域,而凹陷内成熟度应该更高,因此通过盆地模拟推演了凹陷区内风城组烃源岩的热演化程度,结果发现其 R_o 平均可达 1.4%,在中心区甚至超过了 1.6%,有机质已达到高成熟演化阶段。据此可以推断,所生原油必然高熟轻质且普遍含气。而根据烃源岩生烃演化的最新研究理论,当有机质在深层进入高-过成熟演化阶段后,油型有机质应存在油裂解气潜力并存在有机质的接力生烃。玛湖凹陷研究区风城组属于油型干酪根,其原油开始裂解成气的时间大致在埋深到大约 6200m 之后,加上石炭系和佳木河组为腐殖型气源岩,因此可以认为,玛湖凹陷深层石炭系—下二叠统油气相态以轻质油-天然气为主,包括高熟轻质油、干酪根裂解气和可能的油裂解气,因此对储层要求相对较低,有利于高产(张鸾沣等,2015)。

第四是深层发育异常高压,利于油气保存与高产(王屿涛等,1994;查明等,2000;查明等,2002)。在玛湖凹陷研究区,不同地区超压顶面出现的层位不同。在凹陷西北部侏罗系及以上地层多未出现超压,而在凹陷东南部和达巴松凸起地区,侏罗系就已经开始出现超压。由此说明超压的分布与层位关系不大,而更可能与深度关系较大,反映当地层埋藏到一定深度后,保存条件变好,地层流体不宜开放性的流动,引起地层超压。如达 9 井在百口泉组的实测地层压力为 89MPa,压力系数高达 1.925,预计百口泉组之下地层的地层压力系数超过 2.0。因此,玛湖凹陷石炭系—下二叠统可能普遍为高压-超高压地层,异常高压的存在为油气的保存和高产提供了动力。

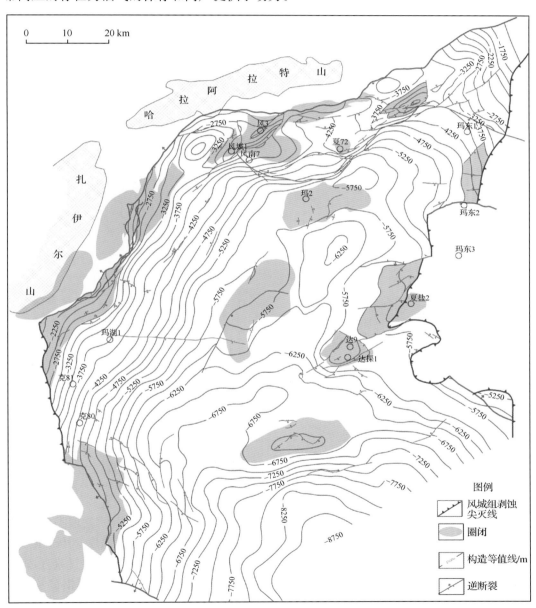

图 6-40 玛湖凹陷及其周缘石炭系—下二叠统构造圈闭分布图

3. 油气高产区预测

历经最近几年的潜心勘探,玛湖富烃凹陷百口泉组逐步展现出大面积成藏与大油区的态势,根据前述对油气高产区主控因素的分析,进一步预测下步勘探的有利区带以指导勘探(图 6-41)。以百口泉组为重点目标层系,其油气主要分布在百一段和百二段。预测的百一段油气高产区均属于充满度 80% 的 I 类区,这类有利区属于扇三角洲前缘有利相带与异常高压以及高熟轻质油气分布的有利叠合区,又可进一步划分出三大有利高产带:玛西、玛中和玛东。

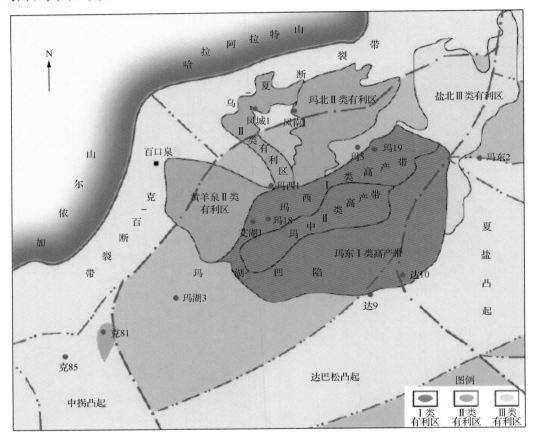

图 6-41 玛湖凹陷百口泉组油气分布预测示意

比较而言,百二段比较复杂,存在三类六大有利区, I 类区的特征与百一段类似,也包括玛西、玛中及玛东三大高产带,只是分布范围大一些。 II 类有利区充满度 70%,虽然也属于前缘有利相带,但地层压力以发育常压为主,局部弱高压,中质及轻质油气兼有,这类有利区可分为两个:玛北和黄羊泉。 III 类有利区充满度 60%,属于前缘有利相带及过渡相、常压与低压发育、油质以中质油为主,主要在盐北地区发育。总体而言, I 类和 II 类有利区面积近 2800km²,预测总资源量 14.7 亿 t,10 亿 t 级的大场面呼之欲出,是新疆油田现实的油气储量与产量新基地。

参 考 文 献

拜文华，吴彦斌，高智梁，等. 2010. 浅湖-半深湖相湖湾环境油页岩成矿富集机理研究. 地质调查与研究，33(3)：207-214.

曹剑，雷德文，李玉文，等. 2015. 古老碱湖优质烃源岩：准噶尔盆地下二叠统风城组. 石油学报，36(7)：781-790.

陈程，孙义梅，贾爱林. 2006. 扇三角洲前缘地质知识库的建立及应用. 石油学报，27(2)：53-57.

陈刚强，安志渊，阿布力米提，等. 2014. 玛湖凹陷及其周缘石炭—二叠系油气勘探前景. 新疆石油地质，35(30)：259-263.

陈建平，查明，柳广弟，等. 2000. 准噶尔盆地西北缘斜坡区不整合面在油气成藏中的作用. 石油大学学报(自然科学版)，24(4)：75-78.

陈建平，梁狄刚，王绪龙. 2001. 准噶尔盆地东部地区彩南油田及其外围油源精细对比. 北京：中国石油天然气集团公司油气地球化学重点实验室：1-195.

陈建平，邓春萍，王汇彤，等. 2006. 中国西北侏罗纪煤系显微组分热解油生物标志物特征及其意义. 地球化学，35(2)：141-150.

陈建平，孙永革，钟宁宁，等. 2014. 地质条件下湖相烃源岩生排烃效率与模式. 地质学报，88(11)：2005-2032.

陈建平，王绪龙，邓春萍，等. 2016. 准噶尔盆地烃源岩与原油地球化学特征. 地质学报，90(1)：37-67.

陈践发，苗忠英，张晨，等. 2010. 塔里木盆地塔北隆起天然气轻烃地球化学特征及应用. 石油与天然气地质，31(3)：271-276.

陈磊，丁靖，潘伟卿，等. 2012. 准噶尔盆地玛湖凹陷西斜坡二叠系风城组云质岩优质储层特征及控制因素. 中国石油勘探，17(3)：8-11.

陈新，卢华复，舒良树，等. 2002. 准噶尔盆地构造演化分析新进展. 高校地质学报，8(3)：257-267.

陈业全，王伟峰. 2004. 准噶尔盆地构造动力学过程. 地质力学学报，12(2)：155-164.

陈永波，潘建国，许多年，等. 2010. 准噶尔盆地西北缘火山岩储层的综合地球物理预测. 石油物探，49(4)：364-372.

程皇辉，侯国栋，龚飞. 2013. 扇三角洲前缘砂砾岩储层隔夹层成因及识别方法. 新疆地质，31(3)：269-273.

程克明，金伟明，何忠华，等. 1987. 陆相原油及凝析油的轻烃单体组成特征及地质意义. 石油勘探与开发，1：34-43.

戴金星. 1992. 各类烷烃气的鉴别. 中国科学 B 辑，(2)：185-193.

戴金星，夏新宇，卫延召，等. 2001. 四川盆地天然气的碳同位素特征. 石油实验地质，23(2)：115-121.

戴金星，夏新宇，秦胜飞，等. 2003. 中国有机烷烃气碳同位素系列倒转的成因. 石油与天然气地质，24(1)：1-6.

戴金星，倪云燕，胡国艺，等. 2014. 中国致密砂岩大气田的稳定碳氢同位素组成特征. 中国科学：地球科学，(44)：563-578.

戴金星，秦胜飞，陶士振，等. 2005. 中国天然气工业发展趋势和天然气地学理论重要进展. 天然气地球科学，16(2)：127-142.

邓宏文，钱凯. 1990. 深湖相泥岩的成因类型和组合演化. 沉积学报，8(3)：1-21.

丁安娜，惠荣耀，王屿涛. 1994. 准噶尔盆地西北缘石炭、二叠系烃源岩有机岩石学特征. 新疆石油地质，15(3)：220-225.

杜宏宇，王鸿雁，徐宗谦. 2003. 马朗凹陷芦草沟组烃源岩地化特征. 新疆石油地质，24(4)：302-305.

杜社宽. 2007. 准噶尔盆地西北缘前陆冲断带特征及对油气聚集作用的研究. 广州：中国科学院广州地球化学研究所博士学位论文.

段毅，赵阳，姚泾力，等. 2014. 轻烃地球化学研究进展及发展趋势. 天然气地球科学，25(12)：1875-1887.

冯冲，姚爱国，汪建富，等. 2014. 准噶尔盆地玛湖凹陷异常高压分布和形成机理. 新疆石油地质，35(6)：640-645.

冯有良，张义杰，王瑞菊，等. 2011. 准噶尔盆地西北缘风城组白云岩成因及油气富集因素. 石油勘探与开发，38(6)：685-692.

冯有良，王瑞菊，吴卫安，等. 2013. 准噶尔盆地西北缘二叠纪古构造对层序地层建造及沉积体系的控制. 山东科技大学学报(自然科学版)，32(5)：42-52.

郭福生，严兆彬，杜杨松. 2003. 混合沉积、混积岩和混积层系的讨论. 地学前缘，10(3)：68.

郭占谦. 2002. 火山活动与石油、天然气的生成. 新疆石油地质，23(1)：5-10.

何登发，陈新发，况军，等. 2010. 准噶尔盆地石炭系油气成藏组合特征及勘探前景. 石油学报，31(1)：1-11.

胡国艺，李剑，李谨，等. 2007. 判识天然气成因的轻烃指标探讨. 中国科学D辑，37(S2)：111-117.

胡见义，徐树宝，童晓光，等. 1984. 中国东部第三系含油气盆地地层岩性油藏形成的地质基础和分布特点. 石油学报，5(2)：1-9.

胡见义，黄第藩. 1991. 中国陆相石油地质理论基础. 北京：石油工业出版社.

胡文瑄，金之钧，张义杰，等. 2006. 油气幕式成藏的矿物学和地球化学记录——以准噶尔盆地西北缘油藏为例. 石油与天然气地质，27(4)：442-450.

黄第藩，李晋超. 1982. 中国陆相油气生成. 北京：石油工业出版社.

黄第藩，李晋超，周翥虹，等. 1984. 陆相有机质演化和成烃机理. 北京：石油工业出版社.

黄汝昌，范璞，马宝林，等. 1989. 准噶尔盆地形成演化与油气形成. 北京：科学出版社.

黄文华，谢宗瑞，牛伟，等. 2014. 准噶尔盆地风城油砂矿有效厚度下限确定. 新疆石油地质，35(4)：399-402.

黄锡荃，李惠明，金伯欣. 1985. 水文学. 北京：高等教育出版社.

贾承造. 2012. 关于中国当前油气勘探的几个重要问题. 石油学报，33(增1)：6-13.

贾承造，宋岩，魏国齐，等. 2005. 中国中西部前陆盆地的地质特征及油气聚集. 地学前缘，12(3)：3-13.

贾承造，郑明，张永峰. 2012. 中国非常规油气资源与勘探开发前景. 石油勘探与开发，39(2)：129-136.

贾国东，蔡克勤. 1997. 内蒙古合同察汗淖碱湖成藏过程中的生物地球化学作用. 地质评论，43(4)：388-393.

蒋宜勤，文华国，祁利祺，等. 2012. 准噶尔盆地乌尔禾地区二叠系风城组盐类矿物和成因分析. 矿物岩石，32(2)：105-114.

康玉柱. 2003. 新疆三大盆地构造特征及油气分布. 地质力学学报，9(1)：37-47.

匡立春，唐勇，雷德文，等. 2012. 准噶尔盆地二叠系咸化湖相云质岩致密油形成条件与勘探潜力. 石油勘探与开发，39（6）：657-667.

匡立春，唐勇，雷德文，等. 2014. 准噶尔盆地玛湖凹陷斜坡区三叠系百口泉组扇控大面积岩性油藏勘探实践. 中国石油勘探，19（6）：14-23.

赖世新，黄凯，陈景亮，等. 1999. 准噶尔盆地晚石炭、二叠纪前陆盆地演化与油气聚集. 新疆石油地质，20（4）：293-297.

雷德文，阿布力米提，唐勇，等. 2014. 准噶尔盆地玛湖凹陷百口泉组油气高产区控制因素与分布预测. 新疆石油地质，35（5）：495-499.

李广之，胡斌，邓天龙，等. 2007. 不同赋存状态轻烃的分析技术及石油地质意义. 天然气地球科学，18（1）：111-116.

李洪波，张敏，张春明，等. 2008. 柴达木盆地西部南区第三系烃源岩地球化学特征. 天然气地球科学，19（4）：519-523.

李乐，侯贵廷，潘文庆，等. 2011. 逆断层对致密岩石构造裂缝发育的约束控制. 地球物理学报，54（2）：466-473.

李敏禄. 1984. 泌阳凹陷首次发现第三系白云岩裂隙油气层. 石油与天然气地质，（5）：402.

李新兵，靳涛，王俊怀. 2000. 准噶尔盆地东部阜康凹陷含油气系统研究. 克拉玛依：新疆油田公司勘探开发研究院（内部科研报告）：1-80.

李延钧，陈义才，杨远聪，等. 1999. 鄂尔多斯下古生界碳酸盐烃源岩评价与成烃特征. 石油与天然气地质，20（4）：349-353.

廖永胜，戴金星，张厚福，等. 1989. 罐装岩屑轻烃和碳同位素在油气勘探中的应用. 天然气地质研究论文集，138-144.

刘全有，刘文汇，宋岩，等. 2004. 塔里木盆地煤岩显微组分热模拟实验中液态烃特征研究. 天然气地球科学，15（3）：297-301.

柳广弟. 2009. 石油地质学. 北京：石油工业出版社.

柳广弟，杨伟伟，冯渊，等. 2013. 鄂尔多斯盆地陇东地区延长组原油地球化学特征及成因类型划分. 地质前缘，20（2）：109-115.

罗贝维，魏国齐，杨威，等. 2013. 四川盆地晚震旦世古海洋环境恢复及地质意义. 中国地质，40（4）：1099-1111.

罗家群. 2008. 泌阳凹陷核桃园组未熟-低熟油地球化学特征及精细油源对比. 地质科技情报，27（5）：77-81.

罗明霞，夏永涛，邵小明，等. 2016. 塔河油田西北部于奇西1井奥陶系中-轻质原油地化特征及成因探讨. 石油实验地质，38（2）：244-250.

马永平，黄林军，腾团余，等. 2015. 准噶尔盆地玛湖凹陷斜坡区三叠系百口泉组高精度层序地层研究. 天然气地球科学，26（增刊1）：33-40.

马哲，宁淑红，姜莉. 1998. 准噶尔盆地烃源岩生烃模型. 新疆石油地质，19（4）：278-280.

孟仟祥，张松林，崔明中，等. 1999. 不同沉积环境湖相低熟原油的芳烃分布特征. 沉积学报，17（1）：112-120.

潘长春，高秀伟，向宝力，等. 2014. 不同类型烃源岩生烃动力学特征研究. 克拉玛依：中国科学院广州地球化学研究所、中国石油新疆油田公司实验检测研究院（内部科研报告）.

潘建国，王国栋，曲永强，等. 2015. 砂砾岩成岩圈闭形成与特征——以准噶尔盆地玛湖凹陷三叠系百口泉组为例. 天然气地球科学，26（增刊1）：41-49.

齐雯，潘建国，王国栋，等. 2015. 准噶尔盆地玛湖凹陷斜坡区百口泉组储层流体包裹体特征及油气充注史. 天然气地球科学，26（S1）：64-71.

秦志军, 陈丽华, 李玉文, 等. 2016. 准噶尔盆地玛湖凹陷下二叠统风城组碱湖古沉积背景. 新疆石油地质, 37(1): 1-6.

邱隆伟, 姜在兴, 操应长, 等. 2001. 泌阳凹陷碱性成岩作用及其对储层的影响. 中国科学, 31(9): 752-759.

邱楠生, 王绪龙, 杨海波, 等. 2001. 准噶尔盆地地温分布特征. 地质科学, 36(3): 350-358.

邱楠生, 杨海波, 王绪龙. 2002. 准噶尔盆地构造-热演化特征. 地质科学, 37(4): 423-429.

瞿建华, 王泽胜, 任本兵, 等. 2014. 准噶尔盆地环玛湖斜坡区异常高压成因机理分析及压力预测方法. 岩性油气藏, 26(5): 36-46.

曲国胜, 马宗晋, 陈新发, 等. 2009. 论准噶尔盆地构造及演化. 新疆石油地质, 30(1): 1-5.

曲永强, 王国栋, 谭开俊, 等. 2015. 准噶尔盆地玛湖凹陷斜坡区三叠系百口泉组次生孔隙储层的控制因素及分布特征. 天然气地球科学, 26(S1): 50-63.

沙庆安. 2001. 混合沉积和混积岩的讨论. 古地理学报, 3(3): 63-66.

邵先杰. 2007. 辫状河三角洲-滨浅湖沉积微相及对油气分布的控制——以二连盆地阿南油田为例. 新疆石油地质, 28(6): 687-690.

施成熙. 1979. 湖泊科学研究三十年与展望. 地理学报, 34(3): 213-223.

史基安, 邹妞妞, 鲁新川, 等. 2013. 准噶尔盆地西北缘二叠系云质碎屑岩地球化学特征及成因机理研究. 沉积学报, 31(5): 898-906.

史晓颖, 张传恒, 蒋干清, 等. 2008. 华北地台中元古代碳酸盐岩中的微生物成因构造及其生烃潜力. 现代地质, 22(5): 669-680.

舒良树. 2010. 普通地质学. 北京: 地质出版社.

孙大鹏. 1990. 内蒙高原的天然碱湖. 海洋与湖沼, 21(1): 44-54.

孙镇城, 杨藩. 1997. 中国西部晚第三—第四纪有孔虫和钙质超微化石的发现及其地质意义. 现代地质, (3): 269-274.

唐勇, 徐洋, 瞿建华, 等. 2014. 玛湖凹陷百口泉组扇三角洲群特征及分布. 新疆石油地质, 35(6): 628-635.

妥进才, 邵宏舜, 黄杏珍. 1993. 柴达木盆地大柴旦盐湖现代沉积物中的生物标志化合物分布特征. 沉积学报, (2): 118-123.

妥进才, 邵宏舜, 黄杏珍. 1994. 盐湖相生油岩中某些地球化学参数与沉积环境的关系. 沉积学报, 12(3): 114-119.

王洪道. 1995. 中国的湖泊. 北京: 商务印书馆.

王建宝, 肖贤明, 郭汝泰, 等. 2003. 渤海湾盆地东营凹陷烃源岩生烃动力学研究. 石油实验地质, 25(4): 403-409.

王寿庆, 何祖荣. 2002. 深化泌阳凹陷认识, 开拓油气勘探领域. 河南油田, 16(1): 1-6.

王万春, 徐永昌, Manfred S, 等. 1997. 不同沉积环境及成熟度干酪根的碳氢同位素地球化学特征. 沉积学报, 15(1): 133-137.

王绪龙. 2001. 准噶尔盆地盆1井西凹陷区油气源与成藏研究. 成都: 西南石油学院博士学位论文.

王绪龙, 康素芳. 1999. 准噶尔盆地腹部及西北缘斜坡区原油成因分析. 新疆石油地质, 20(2): 108-112.

王绪龙, 康素芳. 2001. 准噶尔盆地西北缘玛北油田油源分析. 西南石油学院学报, 23(6): 6-8.

王绪龙, 况军, 杨海波, 等. 2000. 准噶尔盆地第三次油气资源评价. 克拉玛依: 新疆油田公司勘探开发研究院内部科研报告.

王绪龙, 支东明, 王屿涛, 等. 2013. 准噶尔盆地烃源岩与油气地球化学. 北京: 石油工业出版社.

王勇, 钟建华. 2010. 湖盆扇三角洲露头特征及与油气的关系. 油气地质与采收率, 17(3): 6-11.

王崤涛, 范光华, 蒋少斌. 1994. 准噶尔盆地腹部高压和异常高压对油气生成及聚集的影响. 石油勘探与开发, 21(5): 1-7.

王作栋, 孟仟祥, 房嬚, 等. 2010. 低演化烃源岩有机质微生物降解的生标组合特征. 沉积学报, 28(6): 1244-1249.

魏东岩. 1999. 略论中国碳酸钠矿床. 化工矿产地质, 21(2): 69-75.

吴采西, 周基爽, 张磊, 等. 2013. 白云质岩储集层特征及裂缝带地震多属性预测. 新疆石油地质, 34(3): 328-330.

吴克强, 刘志峰, 王升兰, 等. 2015. 珠一拗陷北部洼陷带始新统半深-深湖相烃源岩综合判识. 中国海上油气, 27(3): 10-24.

吴孔友, 查明, 柳广弟. 2002. 准噶尔盆地二叠系不整合面及其油气运聚特征. 石油勘探与开, 29(2): 53-57.

吴孔友, 查明, 王绪龙, 等. 2005. 准噶尔盆地构造演化与动力学背景再认识. 地球学报, 26(3): 217-222.

吴庆福. 1985. 哈萨克斯坦板块准噶尔盆地板片演化探讨. 新疆石油地质, 6(1): 1-7.

伍光和, 田连恕, 胡双熙, 等. 2000. 自然地理学. 北京: 高等教育出版社.

武恒志, 秦都, 吴金才, 等. 2004. 中石化准噶尔盆地新区勘探潜力分析与目标评价. 中国石化西部新区勘探指挥部.

鲜本忠, 牛花朋, 朱筱敏, 等. 2013. 准噶尔盆地西北缘下二叠统火山岩岩性、岩相及其与储层的关系. 高校地质学报, 19(1): 46-55.

鲜继渝. 1985. 风成城地区风城组岩矿及储层特征探讨. 新疆石油地质, 3: 28-34.

徐洋, 孟祥超, 刘占国, 等. 2016. 低渗透砂砾岩储集层粒内缝成因机制及油气勘探意义——以准噶尔盆地玛湖凹陷三叠系百口泉组为例. 新疆石油地质, 37(4): 383-390.

徐永昌, 张晓宝, 沈平, 等. 1998. 储层解析气研究的突破及其意义. 科学通报, 43(17): 1895-1897.

徐永昌, 王志勇, 王晓峰, 等. 2008. 低熟气及我国典型低熟气田. 中国科学 D 辑: 地球科学, 38(1): 87-93.

许秋瑾, 金相灿, 颜昌宙. 2006. 中国湖泊水生植被退化现状与对策. 生态环境, 15(5): 1126-1130.

薛耀松, 唐天福, 俞从流. 1984. 鸟眼构造的成因及其环境意义. 沉积学报, 2(1): 84-95.

杨海波, 陈磊, 孔玉华. 2004. 准噶尔盆地构造单元划分新方案. 新疆石油地质, 25(6): 686-688.

杨江海, 易承龙, 杜远生, 等. 2014. 泌阳凹陷古近纪含碱岩系地球化学特征对成碱作用的指示意义. 中国科学: 地球科学, 44(10): 2172-2181.

杨清堂. 1987. 我国首次发现的碳氢钠石. 岩石矿物学杂志, 6(1): 87-91.

杨清堂. 1996. 内蒙古伊盟地区现代碱湖地质特征和形成条件分析. 化工矿产地质, 18(1): 31-38.

查明, 张卫海, 曲江秀. 2000. 准噶尔盆地异常高压特征、成因及勘探意义. 石油勘探与开发, 27(2): 31-35.

查明, 曲江秀, 张卫海. 2002. 异常高压与油气成藏机理. 石油勘探与开发, 29(19): 19-22.

詹家祯, 甘振波. 1998. 新疆独山子泥火山溢出物中的孢子花粉. 新疆石油地质, 19(1): 57-60.

詹家祯, 师天明, 周春梅, 等. 2007. 新疆准噶尔盆地芳 3 井晚白垩世孢粉组合的发现及其地质意义. 微体古生物学报, 24(1): 15-27.

张杰, 何周, 徐怀宝, 等. 2012. 乌尔禾—风城地区二叠系白云质岩类岩石学特征及成因分析. 沉积学报, 30(5): 859-867.

张静，胡见义，罗平，等. 2010. 深埋优质白云岩储集层发育的主控因素及勘探意义. 石油勘探与开发，37(2)：203-210.

张凯. 1989. 新疆三大盆地边缘古推覆体的形成演化与油气远景. 新疆石油地质，10(1)：7-15.

张焜，孙延贵，巨生成，等. 2010. 青海湖由外流湖转变为内陆河的新构造过程. 国土资源遥感，86：77-81.

张立平，王社教，瞿辉. 2000. 准噶尔盆地原油地球化学特征与油源探讨. 勘探家，5(3)：30-35.

张鸾沣，雷德文，唐勇，等. 2015. 准噶尔盆地玛湖凹陷深层油气流体相态研究. 地质学报，89(5)：957-969.

张彭熹. 2000. 沉默的宝藏-盐湖资源. 北京：清华大学出版社.

张顺存，邹妞妞，史基安，等. 2015. 准噶尔盆地玛北地区三叠系百口泉组沉积模式. 石油与天然气地质，36(4)：640-650.

张喜林，朱筱敏，郭长敏，等. 2006. 苏北盆地高邮凹陷古近系戴南组滨浅湖沉积中的遗迹化石. 沉积学报，24(1)：81-89.

赵文智，王兆云，何海清，等. 2005a. 中国海相碳酸盐岩烃源岩成气机理. 中国科学：地球科学，35(7)：638-648.

赵文智，张光亚，王红军. 2005b. 石油地质理论新进展及其在拓展勘探领域中的意义. 石油学报，26(1)：1-7.

赵文智，邹才能，李建忠，等. 2009. 中国陆上东、西部地区火山岩成藏比较研究与意义. 石油勘探与开发，36(1)：1-11.

郑大中，郑若锋. 2002. 天然碱矿床及其盐湖形成机理初探. 盐湖研究，10(2)：1-9.

郑绵平. 2001. 论中国盐湖. 矿床地质，20(2)：181-189.

郑绵平，刘文高，向军，等. 1983. 论西藏的盐湖. 地质学报，57(2)：185-194.

郑绵平，向军，魏新俊，等. 1989. 青藏高原盐湖. 北京：北京科学技术出版社.

郑绵平，赵元艺，刘俊英. 1998. 第四纪盐湖沉积与古气候. 第四纪研究，14(4)：298-307.

郑喜玉，吕亚平. 1995a. 大布苏碱湖的形成演化环境. 盐湖研究，3(4)：10-17.

郑喜玉，吕亚平. 1995b. 海拉尔盆地盐湖及碳酸盐成因. 盐湖研究，3(3)：1-10.

郑喜玉，张明刚，徐昶，等. 2002. 中国盐湖志. 北京：科学出版社.

支东明，曹剑，向宝力，等. 2016. 玛湖凹陷风城组碱湖烃源岩生烃机理及资源量新认识. 新疆石油地质，37(5)：499-506.

周维维，王伟锋，单晨晨. 2016. 歧口凹陷隐性断裂带特征及其对油气聚集的控制作用. 中国石油大学学报(自然科学版)，40(4)：29-36.

朱光有，金强，戴金星，等. 2004. 东营凹陷油气成藏期次及其分布规律研究. 石油与天然气地质，25(2)：209-215.

朱世发，朱筱敏，陶文芳，等. 2013. 准噶尔盆地乌夏地区二叠系风城组云质岩类成因研究. 高校地质学报，19(1)：38-45.

朱世发，朱筱敏，刘英辉，等. 2014. 准噶尔盆地西北缘北东段下二叠统风城组白云质岩岩石学和岩石地球化学特征. 地质论评，60(5)：1113-1122.

朱筱敏. 1982. 沉积岩石学. 北京：石油工业出版社.

宗丽平，马秀伟，郑庆兰. 2005. 碳酸盐岩油藏表面活性剂驱的润湿性改变. 国外油田工程，21(8)：6-11.

邹才能，陶士振，袁选俊，等. 2009. "连续型"油气藏及其在全球的重要性：成藏、分布于评价. 石油勘探与开发，36(6)：669-682.

邹华耀, 郝芳, 张柏桥, 等. 2005. 准噶尔盆地流体输导格架及其对油气成藏与分布的控制. 地球科学, 30(5): 609-616.

Behar F, Kressmann S, Rudkiewicz J L, et al. 1992. Experimental simulation in a confined system and kinetic modeling of kerogen and oil cracking. Organic Geochemistry, 19(1): 173-189.

Boreham C J, Edwards D S. 2008. The Australian tariff: an economic inquiry by Melbourne University Press. Organic Geochemistry, 39(5): 550-566.

Cao J, Zhang Y J, Hu W X, et al. 2005. The Permian hybrid petroleum system in the northwestern margin of the Junggar Basin, northwest China. Marine and Petroleum Geology, 22(3): 331-349.

Cao J, Yao S P, Jin Z J, et al. 2006. Petroleum migration and mixing in the northwestern Junggar Basin (NW China): constraints from oil-bearing fluid inclusion analyses. Organic Geochemistry, 37(7): 827-846.

Cao J, Wang X L, Sun P A, et al. 2012. Geochemistry and origins of natural gases in the central Junggar Basin, northwest China. Organic Geochemistry, 53(53): 166-176.

Carroll A R. 1998. Upper Permian lacustrine organic facies evolution, southern Junggar basin, NW China. Orgainc Geochemistry, 28(11): 649-667.

Chakhmakhehev A, Suzuki N, Suzuki M, et al. 1996. Biomarker distributions in oils from the Akita and Niigata Basins, Japan. Chemical Geology, 133(1-4): 1-14.

Chen J F, Xu Y C, Huang D F. 2000. Geochemical characteristics and origin of natural gas in Tarim Basin, China. American Association of Petroleum Geologists Bulletin, 84(5): 591- 606.

Chen Z H, Cao Y C, Ma Z J, et al. 2014. Geochemistry and origins of natural gases in the Zhongguai area of Junggar Basin, China. Journal of Petroleum Science & Engineering, 119: 17-27.

Clayton C. 1991. Carbon isotope fractionation during natural gas generation from kerogen. Marine & Petroleum Geology, 8(2): 232-240.

Connan J, Restle A, Albrecht P. 1980. Biodegradation of crude oil in the Aquitaine Basin. Physics & Chemistry of the Earth, 12(79): 1-17.

Connan J, Bouroullec J, Dessort D, et al. 1986. The microbial input in carbonate-anhydrite facies of a sabkha palaeoenvironment from Guatemala: a molecular approach. Organic Geochemistry, 10(1-3): 29-50.

Curiale J, Lin R, Decker J. 2005. Isotopic and molecular characteristics of Miocene-reservoired oils of the Kutei Basin, Indonesia. Organic Geochemistry, 36(3): 405-424.

Czochanska Z, Gilbert T D, Philp R P, et al. 1988. Geochemical application of sterane and triterpene biomarkers to a description of oils from the Taranaki Basin in New-Zealand. Organic Geochemistry, 12(2): 123-135.

Dengens E T, Epstein S. 1984. Oxygen and carbon isotope ratios in coexisting calcites and dolomites from recent and ancient sediments. Geochimica Et Cosmochimica Acta, 28(1): 23-44.

Eugster H P. 1980. Hypersaline Brines and Evaporitic Environments. New York: Amsterdam Oxford.

Fuex A N. 1977. The use of stable carbon isotopes in hydrocarbon exploration. Journal of Geochemical Exploration, 7(77): 155-188.

Galimov E M. 2006. Isotope organic geochemistry. Organic Geochemistry, 37(10): 1200-1262.

Garrett D E. 1992. Nature Soda Ash Occurrences, Processing and Use. New York: van Norstrand Reinhold.

Gingras M K. 2001. Microbially induced sedimentary structures: A new category within the classification of primary sedimentary structure. Journal of Sedimentary Research, 71(5): 649-656.

Golyshev S I, Verkhovskaya N A, Burkova V N, et al. 1991. Stable carbon isotopes in source-bed organic matter of West and East Siberia. Organic Geochemistry, 17(3): 277-291.

Hao F, Sun Y C, Li S T, et al. 1995. Overpressure retardation of organic-matter maturation and petroleum generation: A case study from the Yinggehai and Qiongdongan basins, south China sea. American Association of Petroleum Geologists Bulletin, 79(4): 551-562.

Hao F, Zhang Z H, Zou H Y, et al. 2011. Origin and mechanism of the formation of the low-oil-saturation Moxizhuang field, Juggar Basin, China: Implication for petroleum exploration in basins having complex histories. American Association of Petroleum Geologists Bulletin, 95(6): 983-1008.

Horsfield B, Curry D J, Bohacs K, et al. 1994. Organic geochemistry of freshwater and alkaline lacustrine sediments in the Green River Formation of the Washakie Basin, Wyoming, U. S. A. Organic Geochemistry, 22(3-5): 415-440.

Huang W Y, Meinshein W G. 1979. Sterols as ecological indicators. Geochimica Et Cosmochimica Acta, 43(5): 739-745.

James A T. 1983. Correlation of natural gas by use of carbon isotopic distribution between hydrocarbon components. American Association of Petroleum Geologists Bulletin, 67(7): 1176-1191.

Jones P J, Philp R P. 1990. Oils and source rocks from Pauls Valley, Anadarko Basin, Oklahoma, USA. Applied Geochemistry, 5(4): 429-448.

Keith M L, Weber. 1964. Carbon and oxygen isotopic composition of selected limestones and fossils. Geochimica Et Cosmochimica Acta, 28(10-11): 1786-1816.

Kowalewska A, Cohen A S. 1998. Reconstruction of paleoenvironment of the Great Salt Lake Basin during the Cenozoic. Journal of Paleolimnology, 20(4): 381-407.

Land L S. 1985. The origin of massive dolomite. Journal of Geological Education, 33(2): 112-125.

Lopez-Garcia P, Kazmierczak J, Benzerara K, et al. 2005. Bacterial diversity and carbonate precipitation in the giant microbialites from the highly alkaline Lake Van, Turkey. Extremophiles, 9: 263-274.

Mannion L E. 1975. Industrial minerals and rocks. Englewood: American Institute of Mining, Metallurgical and Petroleum Engineers.

Mello M R, Maxwell J R. 1990. Organic geochemical and biological marker characterization of source rocks and oils derived from lacustrine environments in the brazilian continental margin: Chapter 5/Lacustrine basin exploration: Case studies and modem analogs. American Association of Petroleum Geologists Memoir, 50: 77-97.

Moldowan J M, Sundararaman P, Schoell M. 1986. Sensitivity of biomarker properties to depositional environment and/or source input in the Lower Toarcian of SW-Germany. Organic Geochemistry, 10(4-6): 915-926.

Moldowan J W, Seifert W K, Gallegos E J. 1985. Relationship between petroleum composition and depositional environment of petroleum source rocks. American Association of Petroleum Geologists Bulletin, 69(8): 1255-1268.

Noffke N, Gerdes G, Klenke T, et al. 2001. Microbially induced sedimentary structures: A new category within the classification of primary sedimentary structure. Journal of Sedimentary Research, 71: 649-656.

Noffke N, Paterson D. 2008. Microbial interactions with physical sediment dynamics, and their significance for the interpretation of Earth's biological history. Geobiology, 6(1): 1-4.

Peters K E, Kontorovich A E, Moldowan J W, et al. 1993. Geochemistry of selected oils and rocks from the central portion of the West Siberian Basin, Russia. American Association of Petroleum Geologists Bulletin, 77(5): 863-887.

Peters K E, Moldowan J M. 1993. The Biomarker Guide: Interpreting Molecular Fossils in Petroleum and Ancient Sediments. New York: Prentice Hall.

Peters K E, Walters C C, Moldowan J M. 2005. The Biomarker Guide, Vol. 2: Biomarkers and Isotopes in the Petroleum Exploration and Earth History. 2nd ed. Cambridge: Cambridge University Press.

Prinzhofer A, Mello M R, Takaki T. 2000. Geochemical characterization of natural gas: A physical multivariable approach and its applications in maturity and migration estimates. American Association of Petroleum Geologists Bulletin, 84(8): 1152-1172.

Reed W E. 1977. Molecular composition of weathered petroleum and comparison with its possible source. Geochimica Et Cosmochimica Acta, 41(2): 237-247.

Seifert W K, Moldowan J M, Jones R W. 1980. Application of biological marker chemistry to petroleum exploration//Proceedings of the Tenth World Petroleum Congress, Heyden & Son, Inc., Philadelphia, PA.

Sinninghe Damsté J S, Kening F, Koopmans M P, et al. 1995. Evidence for gammacerane as an indicator of water-column stratification. Geochimica Et Cosmochimica Acta, 59(9): 1895-1900.

Spencer R J, Baedecker M J, Eugster H P. 1984. Great Salt Lake, and precursors, Utah: the last 30000 years. Mineralogy and Petrology, 86(4): 321-334.

Stahl W J, Carey B D. 1975. Source-rock identification by isotope analyses of natural gases from fields in the Val Verde and Delaware basins, west Texas. Chemical Geology, 16(4): 257-267.

Thompson K F M. 1979. Light hydrocarbon in subsurface sediments. Geochimica Et Cosmochimica Acta, 43(5): 657-672.

Thompson K F M. 1983. Classification and thermal history of petroleum based on light hydrocarbons. Geochimica Et Cosmochimica Acta, 47(2): 303-316.

Tissot B P, Welte D H. 1984. Petroleum Formation and Occurrence. New York, Tokyo Berlin Heidelberg: Spring-Verlag.

Wehlan J K. 1987. Light hydrocarbon gases in Guaymas basin hydrothermal fluids : Thermogenic versus abiogenic origin. American Association of Petroleum Geologists Bulletin, 71(71): 215-223.

Xiao F, Liu L, Zhang Z H, et al. 2014. Conflicting sterane and aromatic maturity parameters in Neogene light oils, eastern Chepaizi high, Junggar basin, NW China. Organic Geochemistry, 76(1): 48-61.

Zheng M P, Tang J Y, Liu J Y, et al. 1993. Chinese saline lakes. Hydrobiologia, 267(1): 23-36.

Zou Y R, Peng P. 2001. Overpressure retardation of organic-matter maturation: A kinetic model and its application. Marine and Petroleum Geology, 18(5): 707-713.